_________________ 드림

쿠　키
브／레／드
마／들／렌
크／래／커
푸　딩

쿠 / 키
브 / 레 / 드
마 / 들 / 렌
크 / 래 / 커
푸 / 딩

초판 1쇄 인쇄 2015년 4월 1일
초판 1쇄 발행 2015년 4월 8일

지은이 김정현

발행인 장상진
발행처 (주)경향비피
등록번호 제2012-000228호
등록일자 2012년 7월 2일

주소 서울시 영등포구 양평동 2가 37-1번지 동아프라임밸리 507-508호
전화 1644-5613 | **팩스** 02) 304-5613

ISBN 978-89-6952-065-4 13590

No버터 No설탕 No흰 밀가루
건강 홈베이킹

쿠 / 키
브 / 레 / 드
마 / 들 / 렌
크 / 래 / 커
푸 / 딩

글 · 사진 **김정현**

경향BP

러브송의 식탁
m.lovesongtable.co.kr

아베끄차차
www.a-chacha.com

바나키친
www.banakitchen.com

패뷸러스 테이블
www.fabuloustable.co.kr

디자인곰식
www.gomsik.com

더다이닝
www.the-dining.com

로즈베리
www.roseberry.co.kr

바니테이블
www.bunnytable.com

콤마키친
www.commakitchen.co.kr

유리숟가락
www.yurispoon.com

웨하스의자
www.wehace-euija.com

베리스페셜
www.keukenhof.co.kr

동아원 _통밀가루
www.dongaone.com

넛츠앤베리스 _견과류&말린 과일
www.nutsandberries.co.kr

켄우드 _키친머신 KMM020
www.kenwoodkorea.co.kr

이지베이킹 _파티쉐 줄리엣 제빵기
www.ezbaking.com

달지 않고 소화도 잘되는
통밀빵을 직접 만들어보세요

달콤하고 바삭한 페이스트리, 단팥빵과 소보로빵, 고소한 우유 식빵이 과거에 대세였다면 최근 빵의
트렌드는 달걀과 버터를 넣지 않은 베이글이나 담백한 캄파뉴, 치아바타, 호밀빵, 통밀빵 같이 담백
한 맛의 빵들이 인기를 끌고 있어요. 식생활이 점점 서구화되면서 식사로 빵을 즐기는 이들이 늘어
나면서 이런 건강빵들이 인기를 끄는 게 아닌가 싶습니다. 빵뿐만 아니라 간식도 그렇죠. 아토피 문
제로 아이들을 위해 버터와 알레르기 유발 재료를 제외한 쿠키, 디저트들을 파는 곳도 점점 늘어나
고 있어요.

버터와 설탕이 듬뿍 들어간 빵이나 디저트도 맛나지만 매일 즐겨먹는 간식으로는 담백하고 고소한 통
밀빵 만한 것도 없죠. 달지 않아 질리지도 않고 버터가 들어가지 않아 건강에도 좋고 소화도 잘되죠.
하지만 통밀빵을 맛있게 만들기란 일반 하얀 밀가루로 만든 빵만큼 쉽지는 않답니다. 쿠키와 디저트
또한 설탕 없이 맛내기가 여간 어려운 게 아니에요. 통밀은 일반 하얀 밀가루와는 성질이 달라 수분
역할을 하는 재료들을 조절해주어야 합니다.

쿠키와 디저트 또한 마찬가지예요. 대량의 버터를 오일로 대체하고 설탕 대신 꿀이나 아가베시럽, 메
이플시럽으로 단맛을 내고 버터를 넣지 않아 부족한 풍미를 견과류나 말린 과일로 채웠어요. 이렇게
만든 디저트들은 시중의 쿠키들처럼 부드럽고 살살 녹는 맛은 아니지만 먹고 나면 속이 더부룩하거
나 느끼하지 않고 깔끔한 뒷맛이 참 좋습니다. 평소 견과류나 통곡밀을 멀리하는 분들도 맛있게 먹
을 수 있답니다.

설탕비 김정현

PART 01

브레드

마들렌&쿠키& 크래커

양갱&푸딩& 와플

도구 소개

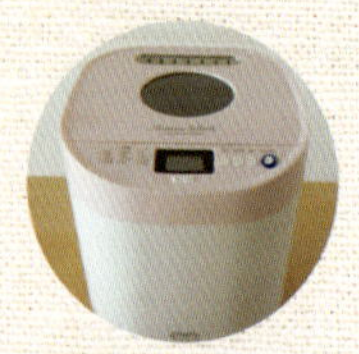

제빵기 소량의 빵을 만들 때 사용하면 좋은 제빵기입니다.

반죽기 대량의 빵을 만들 때 사용하면 좋은 반죽기는 휘핑 기능이 있어 케이크, 머핀, 생크림 휘핑 시 사용합니다.

틀 머핀, 타르트, 식빵, 구겔호프 등을 만들 때 다양한 틀을 사용합니다. 이 책의 레시피 분량은 1호틀 1개가 기준입니다.

스패출러 쿠키나 케이크의 반죽 시 사용하는 스패출러입니다. 볼에 붙은 반죽을 깨끗이 덜어내는 역할도 합니다.

밀대 빵, 타르트 등을 만들 때 사용하는 밀대입니다. 나무로 된 것보다는 플라스틱으로 된 제품이 관리하기가 더 간단합니다.

아이스크림 스쿱 머핀 등의 반죽을 균일하게 나눌 때 사용하면 좋습니다.

실리콘매트 빵 반죽 시 사용하는 매트입니다. 빵 반죽이 달라붙지 않고 작업대에 잘 붙는 매트라서 빵 만들 때 사용하면 좋습니다.

전자저울, 계량스푼, 계량컵 모두 정확한 계량을 할 때 필요한 도구들입니다.

거품기 재료들을 섞어주는 역할을 합니다.

재료 소개

카놀라유 모든 식용유 가운데 포화지방산이 가장 낮은 식물성오일로 이 책에서는 버터 대신 카놀라유를 사용했습니다. 카놀라유는 포도씨오일, 대두유로 대체 가능합니다.

코코아가루 코코아가루는 설탕 함량이 0%인 무가당 코코아가루를 사용했습니다.

말린 과일, 견과류 말린 크랜베리, 건포도, 살구, 아몬드, 캐슈넛, 호박씨, 해바라기 씨 등 자칫 밋밋할 수 있는 저칼로리 베이킹의 맛을 한 단계 높여주는 역할을 합니다. 견과류는 구입 후 오븐에 살짝 구운 후 사용하면 더욱 고소합니다.

베이킹파우더&베이킹소다&이스트 모두 팽창제 역할을 하는 재료로 베이킹파우더와 베이킹소다는 제과류에, 이스트는 제빵에 사용합니다. 이스트는 인스턴트 드라이이스트를 사용했습니다.

통밀가루 흰 밀가루 대신 통밀가루를 사용했습니다. 통밀가루는 흰 밀가루와 달리 밀기울과 배아의 분리를 하지 않아 식이섬유 함량이 높은 게 특징입니다. 맛도 흰 밀가루보다 훨씬 고소합니다.

올리고당&꿀&메이플시럽 설탕 대신 올리고당 ,꿀, 메이플시럽으로 단맛을 냈습니다. 올리고당은 무색, 무취가 특징이라 활용도가 아주 높습니다. 꿀은 단맛이 강하며 특유의 향이 있습니다. 메이플시럽은 깊은 달콤한 냄새를 풍기는 것이 특징입니다.

우유&두유 고칼슘, 고단백인 우유와 두유는 서로 대체하여 사용 가능합니다.

생크림 생크림은 크게 동물성, 식물성으로 나뉘는데 이 책에서는 동물성 생크림만 사용했습니다. 동물성 생크림은 화학첨가물이 들어가지 않은 천연 재료로 고가이며 맛이 고소합니다.

두부 두부는 부침용, 찌개용 모두 사용 가능하지만 토핑으로 사용하는 두부로는 찌개용으로 나온 단단한 두부가 좋습니다.

제철 채소와 과일 이 책에서는 일반적인 베이킹에서 잘 사용하지 않는 연근, 시금치, 당근, 양파, 검은콩과 각종 제철 과일을 많이 사용했습니다.

검은깨 눈 건강에 좋은 검은깨는 주로 곱게 가루를 내서 사용했습니다. 고소한 맛이 강한 디저트를 만들 수 있는 좋은 재료입니다.

피넛버터 단백질, 비타민 B3, 비타민 E, 마그네슘 등이 많이 들어 있는 피넛버터는 특유의 고소한 맛으로 베이킹에 풍미를 더해줍니다.

소금 이 책에서는 모두 천일염을 사용했습니다. 천일염에는 칼슘, 마그네슘, 아연, 칼륨이 풍부합니다.

요거트 이 책에서는 떠먹는 플레인 요거트를 사용했습니다.

이스트
이스트는 생이스트, 드라이이스트, 인스턴트 드라이이스트가 있습니다. 이 책에서 사용한 인스턴트 드라이이스트는 사용법과 보관법이 매우 간편합니다.

PART
01
브레드

호두
단팥빵

베이킹 재료

반죽 재료 : 통밀가루 175g, 우유 105g, 달걀 1/2개, 아가베시럽 20g,
소금 2g, 이스트 2g, 카놀라유 15g
팥앙금, 호두 약간씩

1 제빵기에 반죽 재료를 모두 넣
고 반죽한 뒤 따뜻한 곳에서 1
차 발효한다.

2 반죽은 5등분해 둥글리기한다.

3 반죽을 납작하게 눌러준 뒤 팥
앙금을 올려 앙금을 감싼다.

4 호두를 올리고 따뜻한 곳에서 2
차 발효한 뒤 80도로 예열한 오
븐에서 18분간 굽는다.

흑미
치즈 롤빵

베이킹 재료

반죽 재료 : 통밀가루 120g, 흑미가루 30g, 이스트 2g, 꿀 20g, 카놀라유 10g, 우유 90g
슬라이스치즈 2장

1 제빵기에 반죽 재료를 모두 넣고 반죽한 뒤 따뜻한 곳에서 1차 발효한다.

2 반죽을 밀대로 민다.

3 슬라이스치즈를 올린다.

4 반죽을 돌돌 말아 따뜻한 곳에서 2차 발효한 뒤 170도로 예열한 오븐에서 30분간 굽는다.

고구마
롤치즈 식빵

베이킹 재료

반죽 재료 : 통밀가루 300g, 이스트 3g, 꿀 30g, 올리브오일 25g, 달걀 1개, 우유 170g
고구마 100g, 롤치즈 70g

1 제빵기에 반죽 재료를 모두 넣고 반죽한 뒤 따뜻한 곳에서 1차 발효한다.

2 반죽을 눌러 가스를 뺀다.

3 고구마는 삶아서 포크로 으깬다.

4 반죽을 밀대로 민다.

5 4 위에 3과 롤치즈를 올린다.

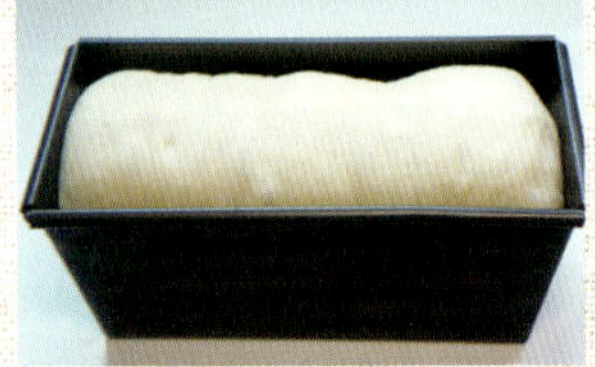

6 돌돌 말아 식빵 틀에 넣고 2차 발효한 뒤 170도로 예열한 오븐에서 35분간 굽는다.

호두 크림치즈빵

베이킹 재료

반죽 재료 : 통밀가루 175g, 우유 105g, 달걀 1/2개, 아가베시럽 20g,
소금 2g, 이스트 2g, 카놀라유 15g
크림치즈 150g, 꿀 15g, 호두 5개

1 제빵기에 반죽 재료를 모두 넣고 반죽한다.

2 따뜻한 곳에서 1차 발효한다.

3 크림치즈, 꿀을 넣고 섞는다.

4 2는 5등분해 둥글리기한 뒤 납작하게 눌러 3을 올린다.

5 반죽으로 속재료를 감싼 뒤 이음새 부분을 아래로 한다.

6 호두를 올리고 따뜻한 곳에서 2차 발효한 뒤 180도로 예열한 오븐에서 17분간 굽는다.

흑임자
크림치즈빵

베이킹 재료

반죽 재료 : 통밀가루 210g, 이스트 2g, 올리고당 30g, 우유 130g, 검은깨가루 15g
크림치즈 150g, 올리고당 10g, 토핑용 검은깨 약간

1 제빵기에 반죽 재료를 모두 넣고 반죽한 뒤 따뜻한 곳에서 1차 발효한다.

2 반죽은 6등분해 둥글리기한다.

3 크림치즈에 올리고당을 넣고 섞는다.

4 반죽을 납작하게 눌러준 뒤 3을 올려 감싼다.

5 이음새 부분을 아래로 하고 토핑용 검은깨를 올린 뒤 따뜻한 곳에서 2차 발효한다.

당근 옥수수
모닝빵

베이킹 재료

반죽 재료 : 통밀가루 220g, 이스트 2g, 올리고당 50g, 삶은 당근 60g, 우유 100g
통조림 옥수수 50g

1 당근은 삶아서 으깬다.

2 제빵기에 옥수수를 제외한 반
죽 재료를 모두 넣고 반죽한 뒤
따뜻한 곳에서 1차 발효한다.

3 옥수수를 넣고 섞는다.

4 반죽은 5등분해 둥글리기하고
2차 발효한 뒤 180도로 예열한
오븐에서 17분간 굽는다.

고구마
크림빵

베이킹 재료

반죽 재료 : 통밀가루 230g, 이스트 2g, 연유 40g, 우유 130g, 카놀라유 1Ts
고구마 300g, 연유 3Ts, 생크림 4Ts

1 고구마는 삶아서 으깬다.

2 생크림, 연유를 넣고 섞는다.

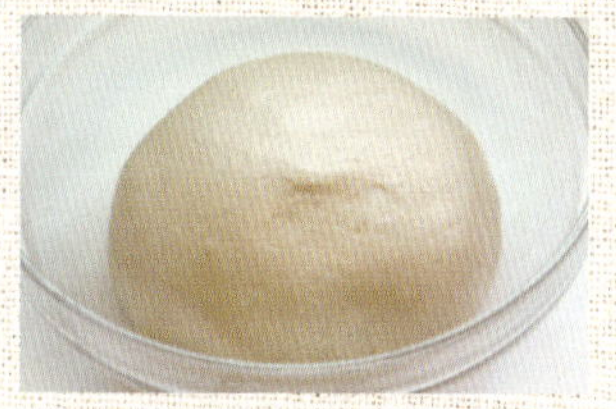

3 제빵기에 반죽 재료를 모두 넣고 반죽한 뒤 따뜻한 곳에서 1차 발효한다.

4 반죽은 5등분해 둥글리기한다.

5 반죽을 타원형으로 밀어준 뒤 2를 올려 감싼다.

6 가위로 테두리 부분을 3번 자른 뒤 따뜻한 곳에서 2차 발효한다.

베이킹 재료

반죽 재료 : 통밀가루 200g, 이스트 3g, 올리브오일 8g, 올리고당 30g
우유 140g, 시금치 50g, 슬라이스치즈 2장

1 시금치는 삶아서 믹서기에 우유와 함께 넣고 곱게 간다.

2 제빵기에 1과 반죽 재료를 모두 넣고 반죽한 뒤 따뜻한 곳에서 1차 발효한다.

3 반죽을 밀대로 민다.

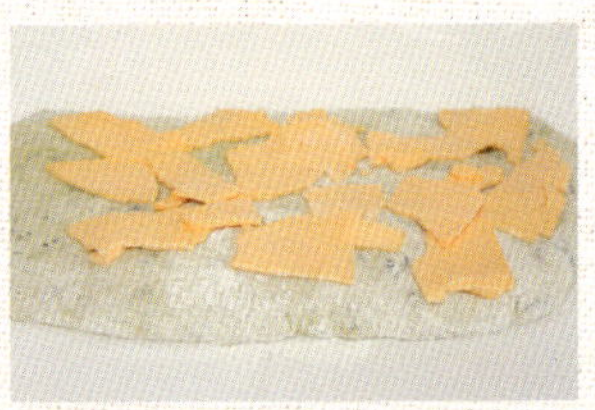

4 슬라이스치즈를 잘라서 올린다.

5 돌돌 만 뒤 자른다.

6 머핀 틀에 넣고 따뜻한 곳에서 2차 발효한다.

양파 치즈 트위스트 식빵

베이킹 재료

반죽 재료 : 통밀가루 300g, 이스트 3g, 소금 2g, 카놀라유 10g, 올리고당 40g, 우유 200g
양파 1개, 올리브오일 1Ts, 롤치즈 80g

1 제빵기에 반죽 재료를 모두 넣고 반죽한 뒤 따뜻한 곳에서 1차 발효한다.

2 양파는 올리브오일을 두르고 볶는다.

3 반죽을 밀대로 민다.

4 3에 2와 롤치즈를 올린 뒤 돌돌 말아 반죽을 세로로 칼집 내어 꼬아준다.

5 식빵 틀에 담은 뒤 따뜻한 곳에서 2차 발효한다.

6 170도로 예열한 오븐에서 35분간 굽는다.

강황 초콜릿 브레드

베이킹 재료

반죽 재료 : 통밀가루 210g, 강황가루 1/2ts, 이스트 2g, 우유 110g, 올리고당 60g
초콜릿칩 40g, 다크초콜릿, 아몬드 슬라이스 약간씩

1 제빵기에 반죽 재료를 모두 넣고 반죽한 뒤 따뜻한 곳에서 1차 발효한다.

2 초콜릿칩을 넣고 섞는다.

3 반죽은 5등분해 둥글리기하고 2차 발효한 뒤 170도로 예열한 오븐에서 17분간 굽는다.

4 중탕으로 녹인 다크초콜릿과 아몬드 슬라이스를 묻혀 완성한다.

HOME BAKING 11

카레
고로케

베이킹 재료

반죽 재료 : 통밀가루 230g, 이스트 2g, 연유 40g, 우유 130g, 카놀라유 1Ts
감자 300g, 통조림 옥수수 4Ts, 볶은 당근 4Ts, 카레가루 2Ts, 볶은 양파 4Ts, 빵가루 약간

1 감자는 삶아 으깬 뒤 옥수수, 당근,
카레가루, 양파를 넣고 섞는다.

2 5등분해 동그랗게 빚는다.

3 제빵기에 반죽 재료를 모두 넣
고 반죽한 뒤 따뜻한 곳에서 1
차 발효한다.

170도로 예열한
오븐에서 17분간
구워주세요.

4 반죽은 5등분해 둥글리기한다.

5 반죽을 납작하게 눌러준 뒤 2를
올려 감싼다.

6 반죽 표면에 물을 묻혀 빵가루
를 입힌 뒤 2차 발효한다.

통밀 식빵

베이킹 재료

반죽 재료 : 통밀가루 300g, 이스트 3g, 달걀 1/2개, 카놀라유 10g,
메이플시럽 20g, 우유 170g

1 제빵기에 반죽 재료를 모두 넣고 반죽한 뒤 따뜻한 곳에서 1차 발효한다.

2 반죽을 밀대로 민다.

3 반죽의 양끝을 접는다.

4 반죽을 돌돌 만다.

5 식빵 틀에 담은 뒤 따뜻한 곳에서 2차 발효한다.

6 170도로 예열한 오븐에서 35분간 굽는다.

요거트 쌀가루 베리 모닝빵

베이킹 재료

반죽 재료 : 현미가루 175g, 요거트 100g, 아사이베리즙 40g,
아가베시럽 20g, 소금 2g, 이스트 3g, 카놀라유 15g
말린 크랜베리 40g, 말린 블루베리 20g, 건포도20g

1 제빵기에 반죽 재료를 모두 넣고 반죽한 뒤 따뜻한 곳에서 1차 발효한다.

2 반죽을 밀대로 민다.

3 말린 크랜베리, 말린 블루베리, 건포도를 올린다.

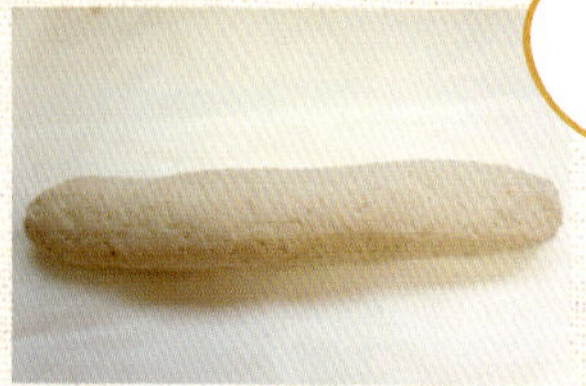

4 반죽을 돌돌 말아준 뒤 따뜻한 곳에서 2차 발효한다.

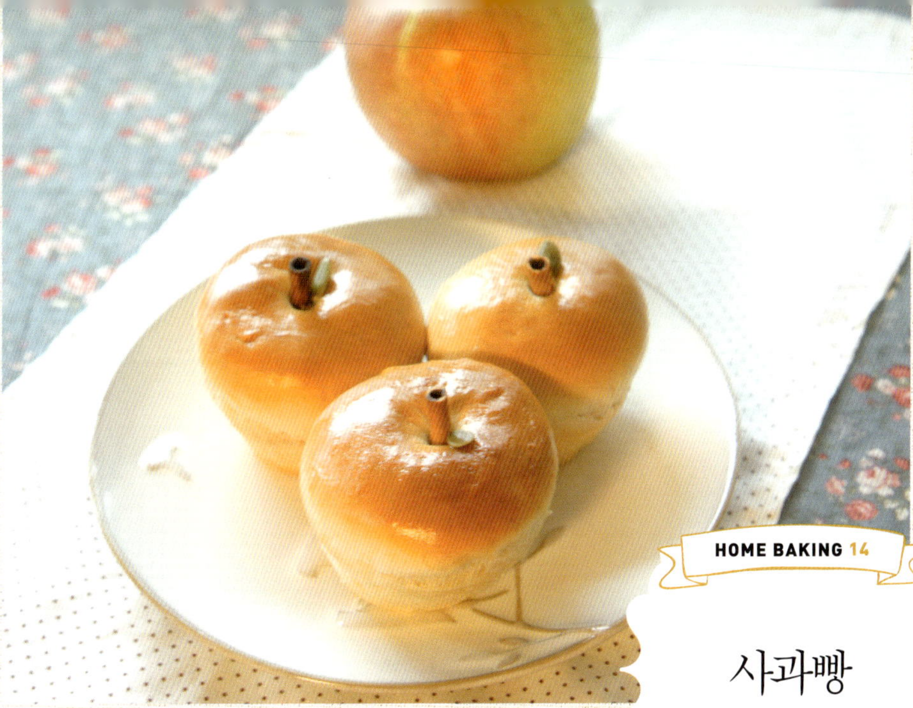

HOME BAKING 14

사과빵

베이킹 재료

반죽 재료 : 통밀가루 168g, 이스트 2g, 꿀 20g, 우유 90g
사과 1개, 꿀 1Ts, 레몬즙 1Ts, 막대과자, 호박씨 약간씩

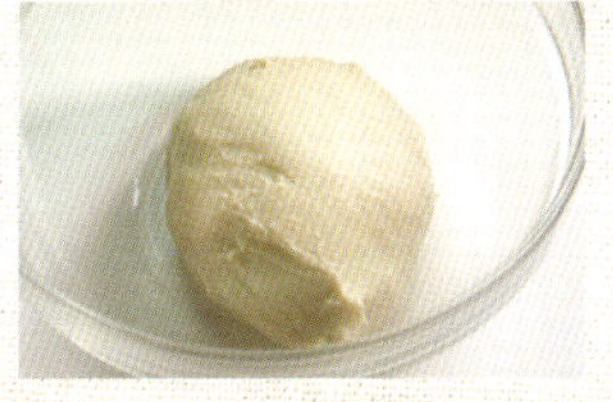

1 제빵기에 반죽 재료를 모두 넣고 반죽한 뒤 따뜻한 곳에서 1차 발효한다.

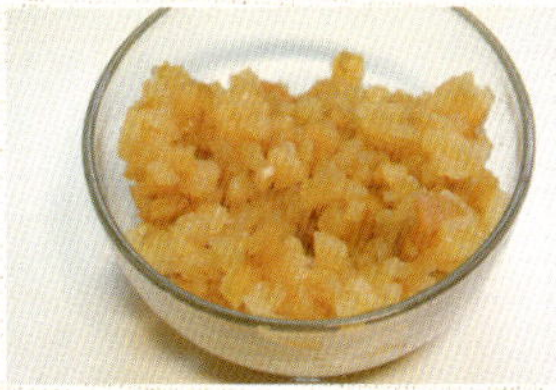

2 사과는 다진 뒤 레몬즙, 꿀을 넣고 볶는다.

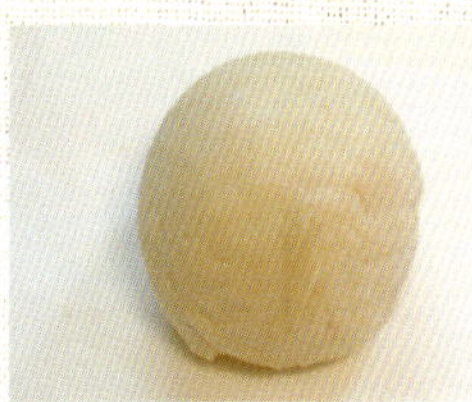

3 반죽은 6등분해 둥글리기한다.

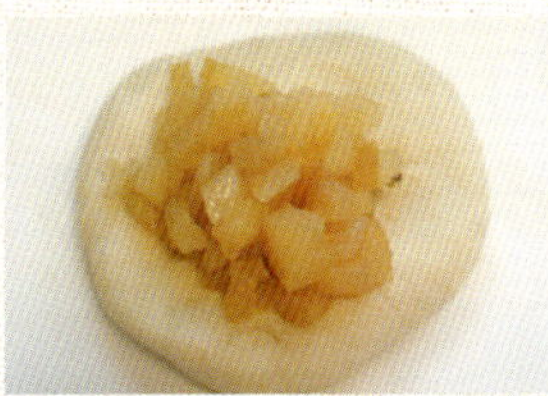

4 반죽을 납작하게 눌러준 뒤 2를 올려 감싼다.

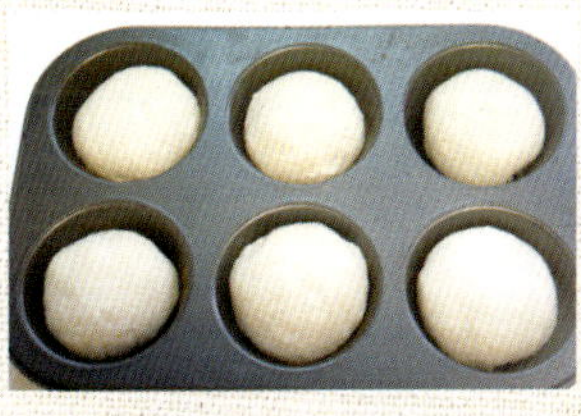

5 머핀 틀에 담은 뒤 따뜻한 곳에서 2차 발효한다.

구운 뒤 호박씨를 올려주세요.

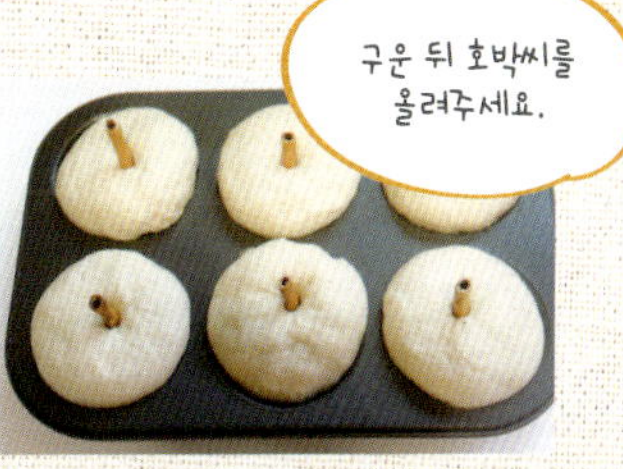

6 자른 막대과자를 꽂은 뒤 180도로 예열한 오븐에서 16분간 굽는다.

버섯
체다치즈빵

베이킹 재료

반죽 재료 : 통밀가루 220g, 이스트 2g, 아가베시럽 30g, 우유 120g
느타리버섯 50g, 슬라이스치즈 1과 1/2장

1 느타리버섯은 볶아서 준비한다.

2 제빵기에 반죽 재료를 모두 넣고 반죽한 뒤 따뜻한 곳에서 1차 발효한다.

3 반죽은 6등분해 둥글리기한다.

4 반죽을 눌러 납작하게 만든다.

5 일회용 베이킹 컵에 반죽을 담고 볶은 버섯, 4등분한 치즈를 한 장씩 올린 뒤 따뜻한 곳에서 2차 발효한다.

새우 브로콜리빵

베이킹 재료

반죽 재료 : 통밀가루 220g, 이스트 2g, 아가베시럽 30g, 우유 120g, 올리브오일 1Ts
브로콜리, 새우, 치아시드, 마요네즈 약간씩

1 새우, 브로콜리는 삶아서 준비한다.

2 제빵기에 반죽 재료를 모두 넣고 반죽한 뒤 따뜻한 곳에서 1차 발효한다.

3 반죽은 6등분해 둥글리기한다.

4 반죽을 납작하게 눌러준 뒤 치아시드를 묻힌다.

5 일회용 은박 컵에 브로콜리, 새우를 올린 뒤 따뜻한 곳에서 2차 발효한다.

6 구워진 빵에 마요네즈를 올린다.

베이킹 재료

반죽 재료 : 통밀가루 300g, 아가베시럽 30g, 소금 2g, 이스트 3g,
우유 202g, 카놀라유 2Ts, 검은깨 1Ts
고구마 200g

1 고구마는 삶아서 포크로 으깬다.

2 제빵기에 1과 반죽 재료를 모두
넣고 반죽한다.

3 따뜻한 곳에서 1차 발효한다.

4 반죽은 3등분해 둥글리기한다.

5 반죽을 각각 밀대로 밀어준 뒤
돌돌 말아 식빵 틀에 넣는다.

6 170도로 예열한 오븐에서 30분
간 굽는다.

파네토네

베이킹 재료

반죽 재료 : 통밀가루 210g, 이스트 2g, 연유 40g, 카놀라유 16g, 우유 130g
크랜베리 40g, 오렌지필 20g, 말린 살구 30g

1 살구는 작게 다진 뒤 오렌지필, 크랜베리를 넣고 섞는다.

2 제빵기에 반죽 재료를 모두 넣고 반죽한 뒤 따뜻한 곳에서 1차 발효한다.

3 반죽에 1을 넣고 섞는다.

4 반죽을 케이크 틀에 담는다.

5 따뜻한 곳에서 2차 발효한 뒤 170도로 예열한 오븐에서 30분간 굽는다.

석류
크랜베리빵

베이킹 재료

반죽 재료 : 통밀가루 300g, 이스트 3g, 카놀라유 15g, 올리고당 40g,
우유 170g, 석류즙 30g
말린 크랜베리 40g

1 제빵기에 반죽 재료를 모두 넣고 반죽한다.

2 따뜻한 곳에서 1차 발효한다.

3 말린 크랜베리를 넣고 섞는다.

4 반죽을 눌러서 납작하게 만든 뒤 돌돌 말아 주름 틀에 담는다.

5 따뜻한 곳에서 2차 발효한 뒤 170도로 예열한 오븐에서 30분 간 굽는다.

HOME BAKING 20

비트
현미빵

베이킹 재료

반죽 재료 : 현미가루 300g, 메이플시럽 30g, 달걀 1개, 이스트 5g
요거트 100g, 우유 50g, 비트 30g, 카놀라유 15g, 말린 크랜베리 60g

1 믹서기에 요거트, 우유, 비트, 카놀라유를 넣고 곱게 간다.

2 제빵기에 1과 반죽 재료를 모두 넣고 반죽한 뒤 따뜻한 곳에서 1차 발효한다.

3 반죽을 밀대로 민다.

4 말린 크랜베리를 올려 돌돌 만다.

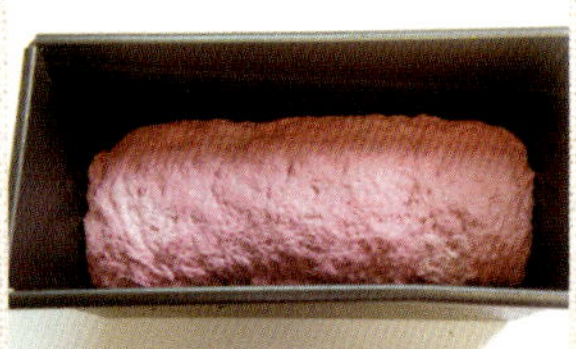

5 식빵 틀에 담는다.

6 따뜻한 곳에서 2차 발효한 뒤 170도로 예열한 오븐에서 35분 간 굽는다.

코코넛밀크 브레드

베이킹 재료

반죽 재료 : 통밀가루 210g, 이스트 2g, 올리고당 10g, 연유 20g,
우유 80g, 코코넛밀크 50g, 코코넛오일 5g
말린 크랜베리 40g, 코코넛롱 20g

1 제빵기에 반죽 재료를 모두 넣고 반죽한 뒤 따뜻한 곳에서 1차 발효한다.

2 말린 크랜베리를 넣고 섞는다.

3 반죽을 5등분한 뒤 둥글리기한다.

4 반죽 표면에 물을 묻힌 뒤 코코넛롱을 입힌다.

5 따뜻한 곳에서 2차 발효한 뒤 170도 예열한 오븐에서 35분간 굽는다.

토마토
건포도빵

베이킹 재료

반죽 재료 : 통밀가루 200g, 이스트 2g, 꿀 20g, 카놀라유 10g
토마토 120g, 건포도 30g, 물 약간

1 건포도는 물에 넣고 불린 뒤 물기를 제거한다.

2 토마토는 믹서기에 넣고 곱게 간 뒤 제빵기에 반죽 재료와 함께 넣고 반죽한다.

3 1을 넣고 섞는다.

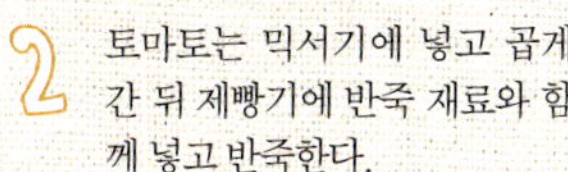

4 반죽은 6등분해 둥글리기한 뒤 따뜻한 곳에서 2차 발효한다.

진저
후르츠빵

베이킹 재료

반죽 재료 : 통밀가루 150g, 생강가루 1Ts, 이스트 2g, 소금 1g,
올리브오일 15g, 메이플시럽 30g, 물 75g, 달걀 1/2개
말린 크랜베리, 말린 살구, 아몬드 슬라이스 약간씩

1 말린 살구는 작게 자른 뒤 말린 크랜베리와 섞는다.

2 제빵기에 반죽 재료를 모두 넣고 반죽한 뒤 따뜻한 곳에서 1차 발효한다.

3 반죽을 밀대로 민다.

4 1을 올린다.

5 반죽을 돌돌 만다.

6 아몬드 슬라이스를 올리고 따뜻한 곳에서 2차 발효한다.

오트밀 코코아 베치번즈

베이킹 재료

반죽 재료 : 통밀가루 290g, 코코아가루 10g, 이스트 3g, 올리고당 50g,
카놀라유 10g, 달걀 1개, 우유 160g
초코칩 40g, 오트밀 20g

1 제빵기에 반죽 재료를 모두 넣고 반죽한 뒤 따뜻한 곳에서 1차 발효한다.

2 초코칩을 넣고 섞는다.

3 반죽은 6등분해 둥글리기한다.

4 사각 무스링에 반죽을 띄엄띄엄 넣고 따뜻한 곳에서 2차 발효한다.

5 오트밀을 뿌린 뒤 170도로 예열한 오븐에서 18분간 굽는다.

허브 마늘빵

베이킹 재료

반죽 재료 : 통밀가루 210g, 이스트 2g, 올리고당 50g, 우유 110g
마늘소스 재료 : 오레가노 1/2ts, 파슬리가루 1/2ts, 파마산치즈 2Ts,
다진 마늘 2Ts, 카놀라유 3Ts, 꿀 2Ts

1 제빵기에 반죽 재료를 모두 넣고 반죽한 뒤 따뜻한 곳에서 1차 발효한다.

2 반죽은 2등분해 둥글리기한 뒤 밀대로 민다.

3 돌돌 말아 따뜻한 곳에서 2차 발효한다.

4 마늘소스 재료를 넣고 섞는다.

5 반죽에 길게 칼집을 낸 뒤 4를 올린다.

PART
02
마들렌
&
쿠키
&
크래커

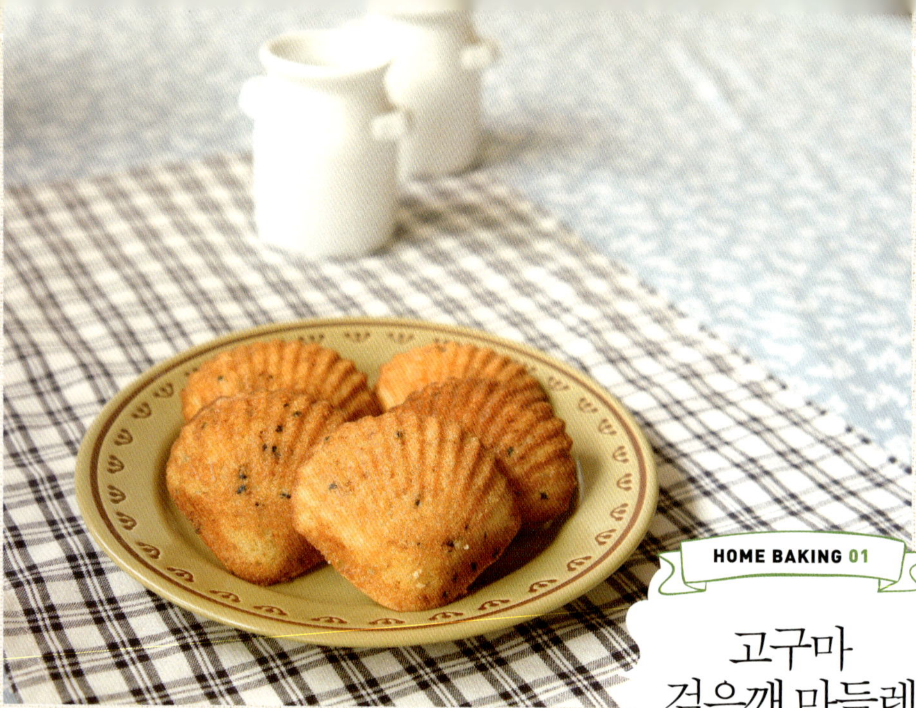

HOME BAKING 01

고구마 검은깨 마들렌

베이킹 재료

통밀가루 50g, 올리고당 80g, 카놀라유 35g, 베이킹파우더 2g, 달걀 1개, 고구마 1/2개, 검은깨 1ts

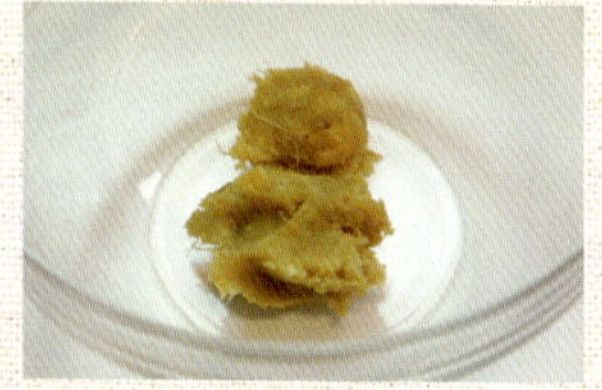

1 고구마는 삶아서 으깬다.

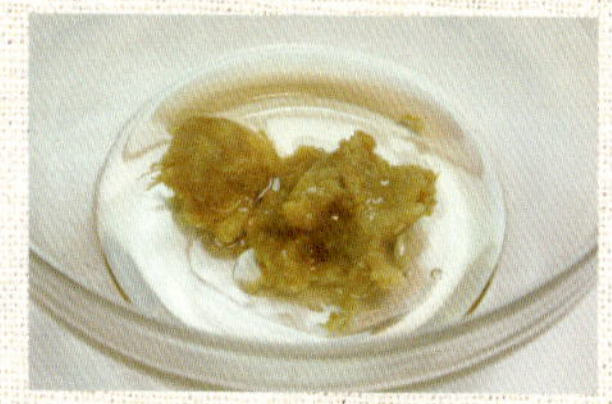

2 올리고당, 카놀라유를 넣고 섞는다.

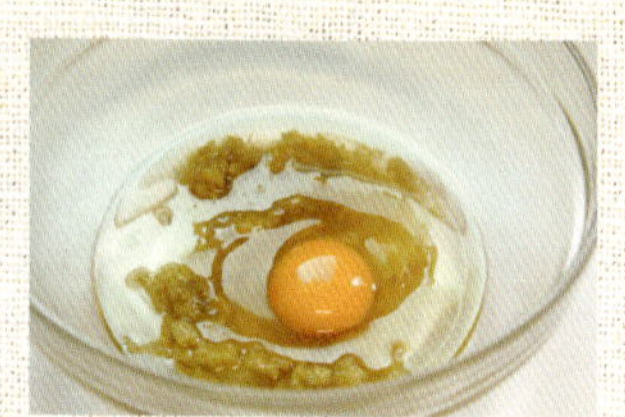

3 달걀을 넣고 섞는다.

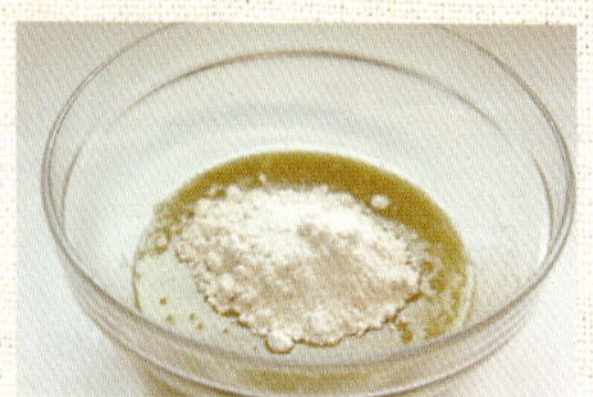

4 체에 친 베이킹파우더, 통밀가루를 넣고 섞는다.

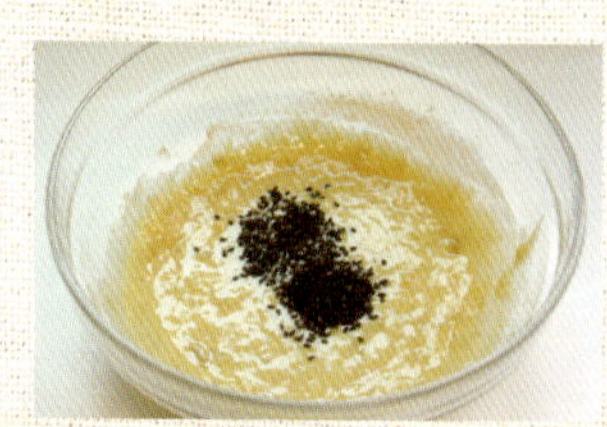

5 검은깨를 넣고 섞는다.

틀에 오일을 약간 발라주면 구운 마들렌이 틀에서 잘 떨어져요.

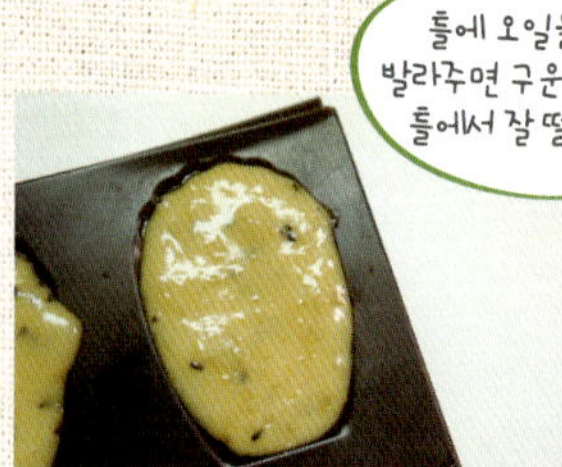

6 마들렌 틀에 반죽을 부은 뒤 170도로 예열한 오븐에서 18분간 굽는다.

단호박 초코칩 마들렌

베이킹 재료

단호박 80g, 카놀라유 35g, 달걀 1개, 꿀 20g, 통밀가루 65g,
베이킹파우더 1/2ts, 초코칩 30g

1 단호박은 삶아서 으깬다.

2 카놀라유, 꿀을 넣고 섞는다.

3 달걀을 넣고 섞는다.

4 체에 친 통밀가루, 베이킹파우더를 넣고 섞는다.

5 초코칩을 넣고 섞는다.

6 마들렌 틀에 부은 뒤 170도로 예열한 오븐에서 18분간 굽는다.

HOME BAKING 03

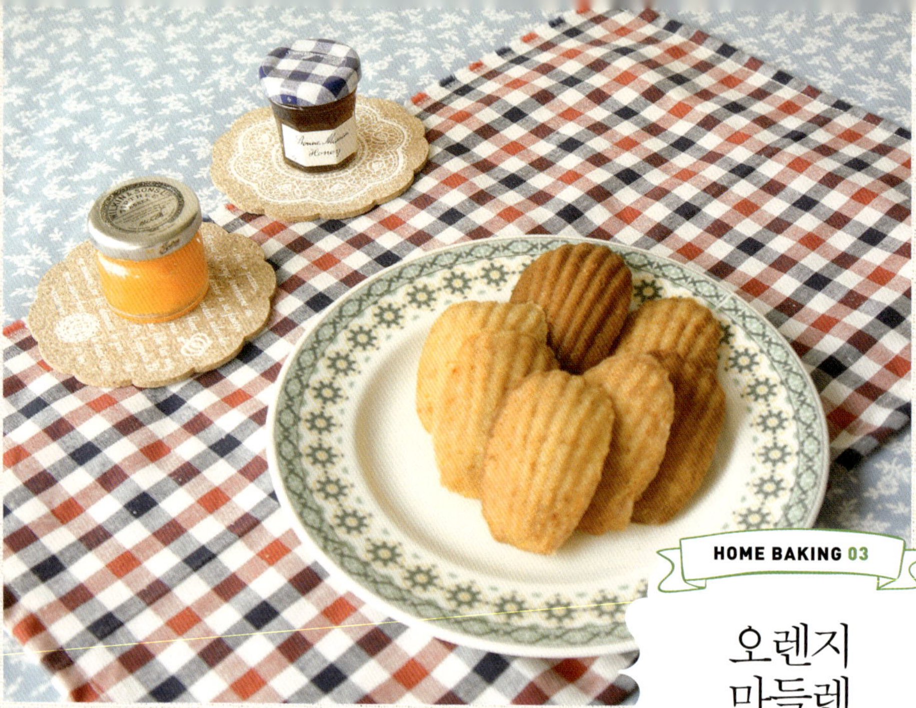

오렌지 마들렌

베이킹 재료

두유 85g, 꿀 30g, 카놀라유 30g, 통밀가루 60g, 베이킹파우더 1/4ts, 베이킹소다 1/4ts, 오렌지 1개

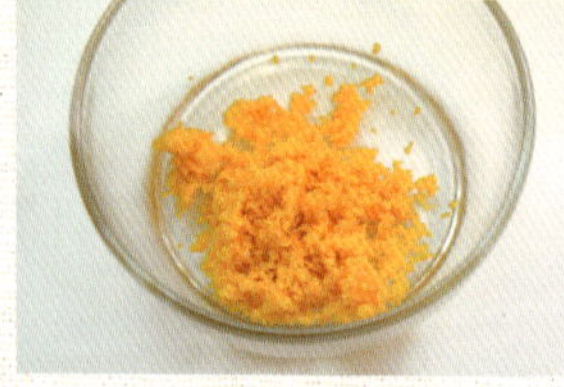

1 오렌지는 껍질만 곱게 간다.

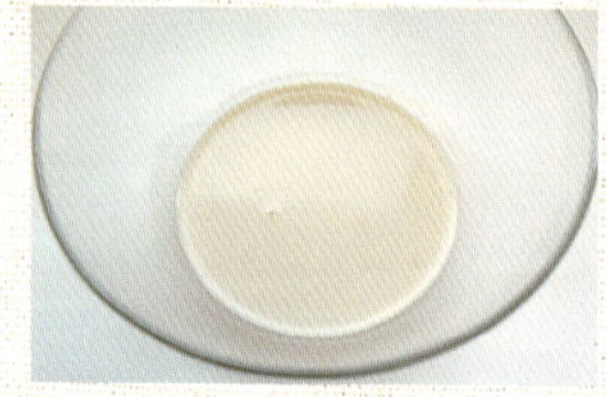

2 두유, 꿀, 카놀라유를 넣고 섞는다.

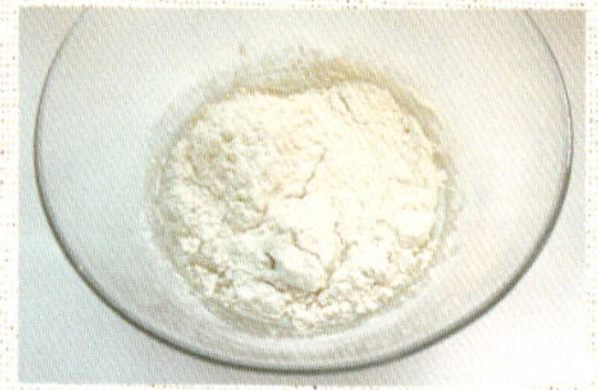

3 체에 친 베이킹소다, 베이킹파우더, 통밀가루를 넣고 섞는다.

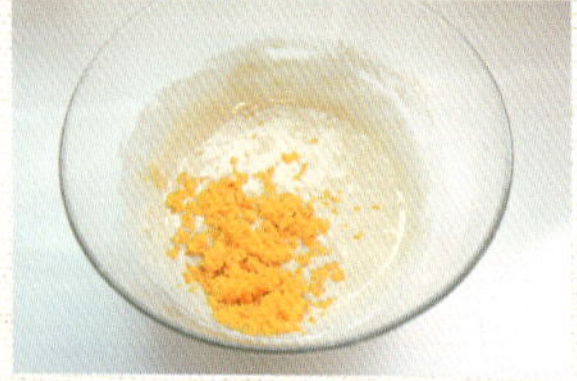

4 1을 넣고 섞는다.

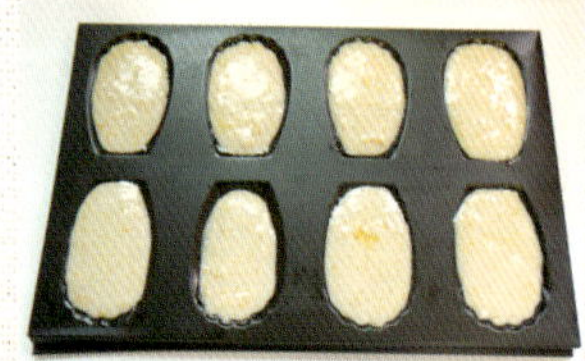

5 마들렌 틀에 반죽을 부은 뒤 170도로 예열한 오븐에서 18분간 굽는다.

초코 마들렌

베이킹 재료

통밀가루 30g, 아몬드가루 70g, 코코아파우더 12g, 베이킹파우더 3/4ts,
꿀 70g, 두유 80g, 카놀라유 30g

1 두유, 꿀을 넣고 섞는다.

2 카놀라유를 넣고 섞는다.

3 체에 친 통밀가루, 코코아파우더, 베이킹파우더를 넣고 섞는다.

4 아몬드가루를 넣고 섞는다.

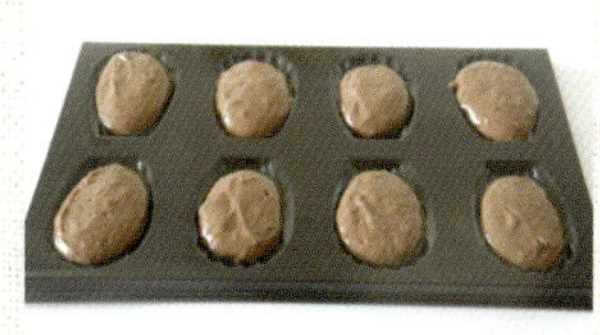

5 마들렌 틀에 부은 뒤 170도로 예열한 오븐에서 18분간 굽는다.

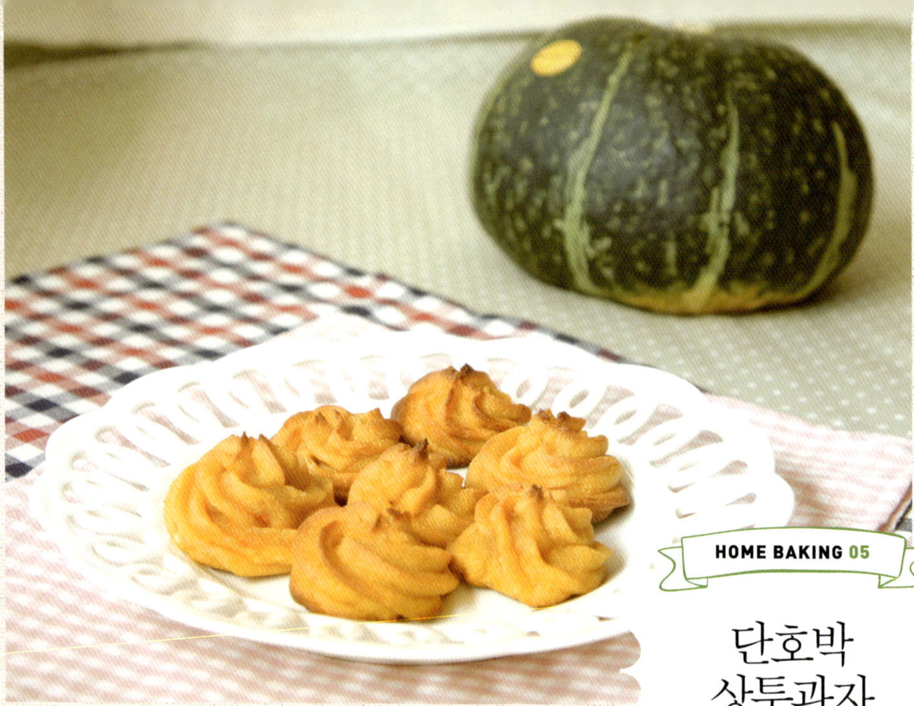

HOME BAKING 05

단호박 상투과자

베이킹 재료

단호박 100g, 백앙금 150g, 아몬드가루 30g, 생크림 1Ts

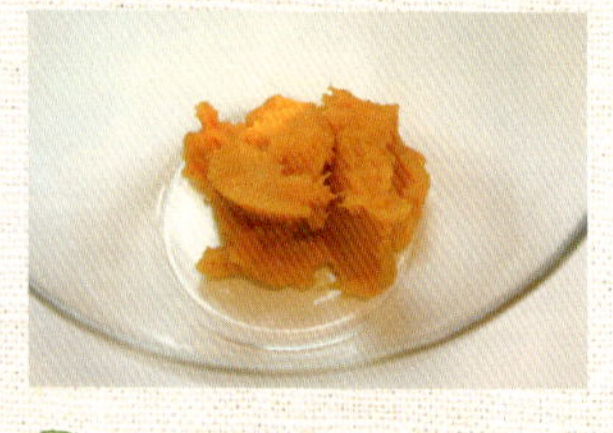

1 단호박은 삶아서 으깬다.

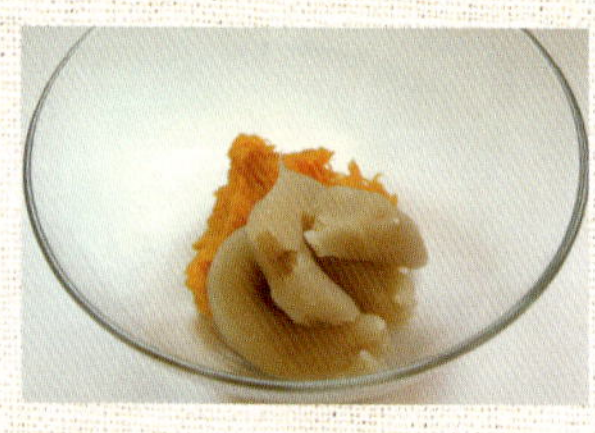

2 백앙금을 넣고 섞는다.

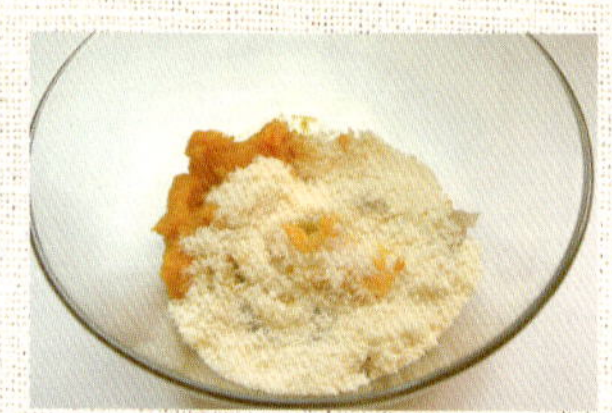

3 아몬드가루를 넣고 섞는다.

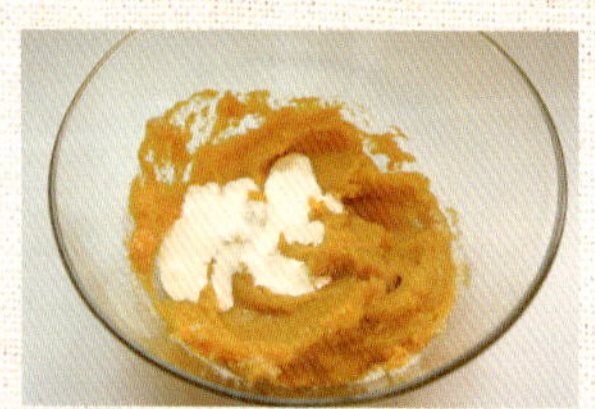

4 생크림을 넣고 섞는다.

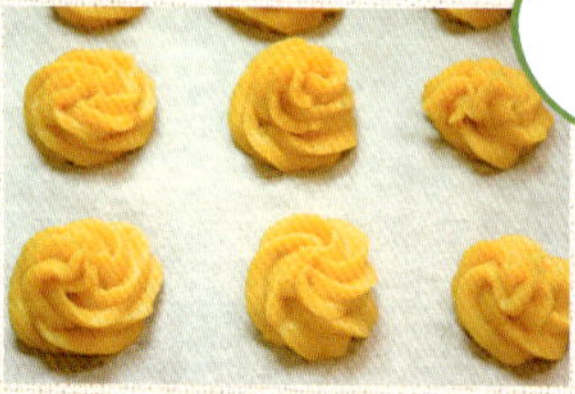

5 별깍지를 끼운 짤주머니에 담아 한입 크기로 짠다.

180도로 예열한 오븐에서 12분간 구워주세요.

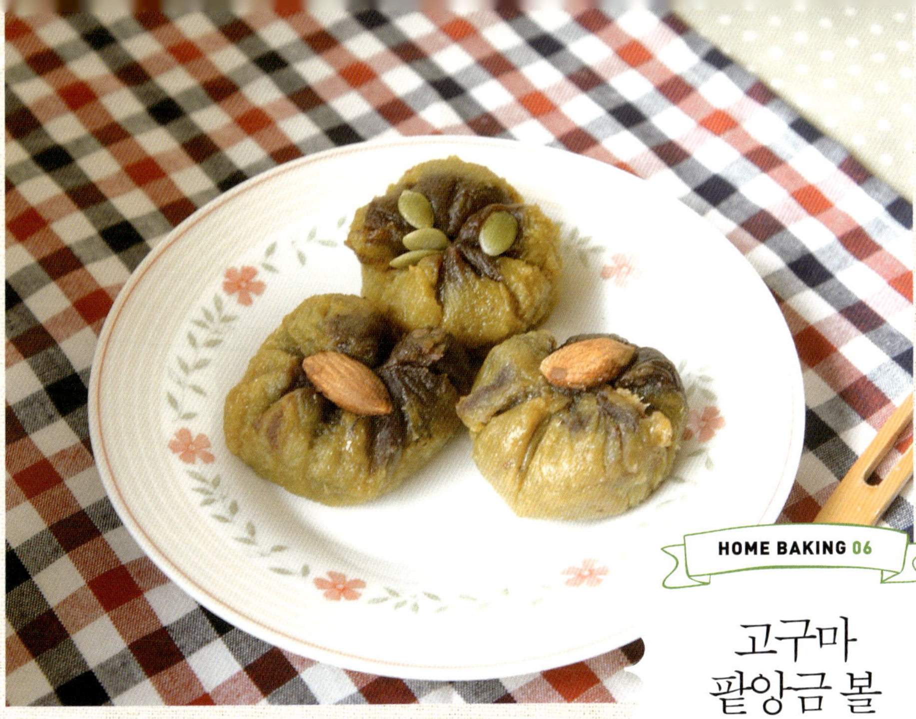

HOME BAKING 06

고구마 팥앙금 볼

베이킹 재료

고구마 200g, 팥앙금 150g, 달걀 1/2개, 물 1Ts

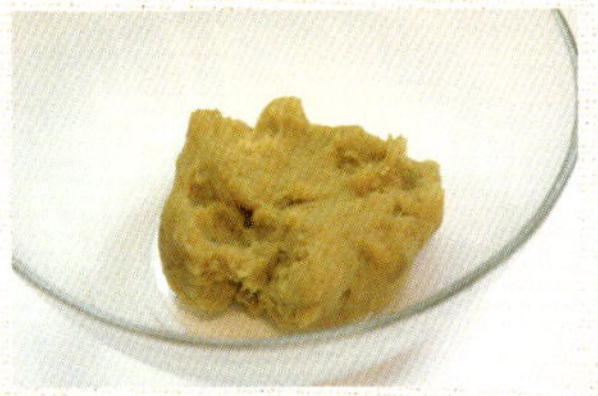

1 고구마는 삶아서 포크로 으깬다.

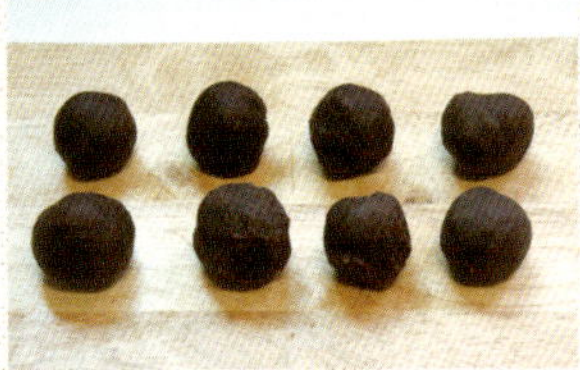

2 팥앙금은 동그랗게 빚는다.

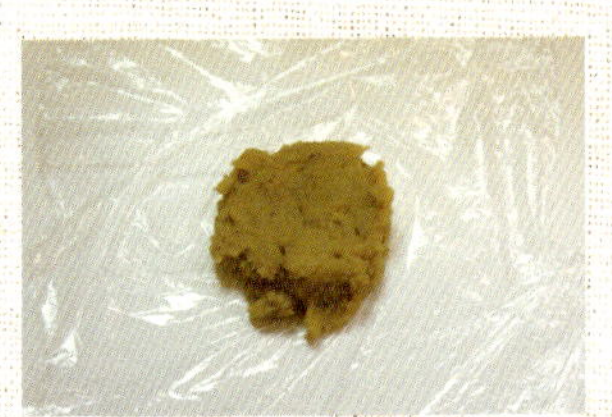

3 1을 6등분한 뒤 동글납작하게 만든다.

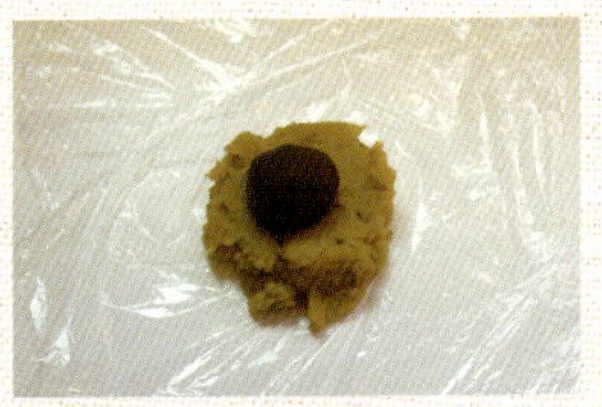

4 3에 2를 올린다.

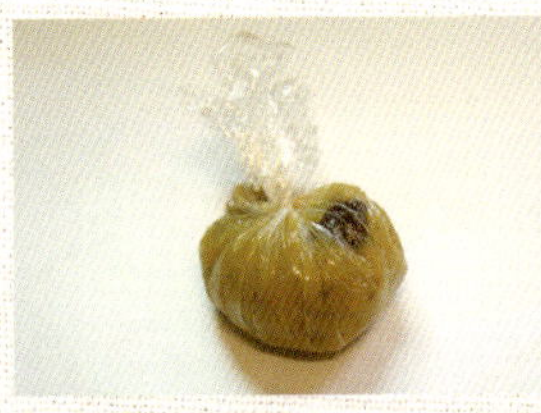

5 랩으로 감싸 동그랗게 만든다.

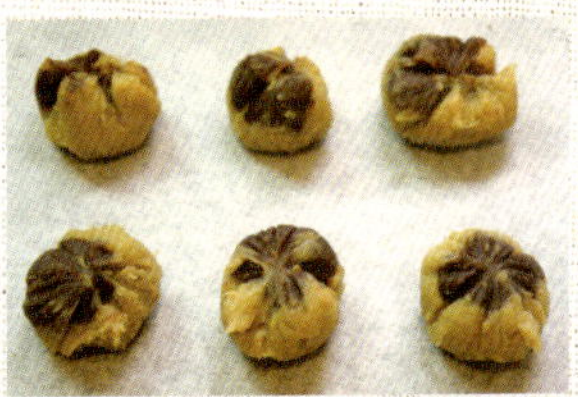

6 달걀에 물을 섞어 5의 겉면에 바른 뒤 180도로 예열한 오븐에서 13분간 굽는다.

콩가루 쇼트 브레드

베이킹 재료

통밀가루 70g, 볶은 콩가루 25g, 꿀 10g, 올리고당 40g,
카놀라유 4Ts, 우유 2Ts

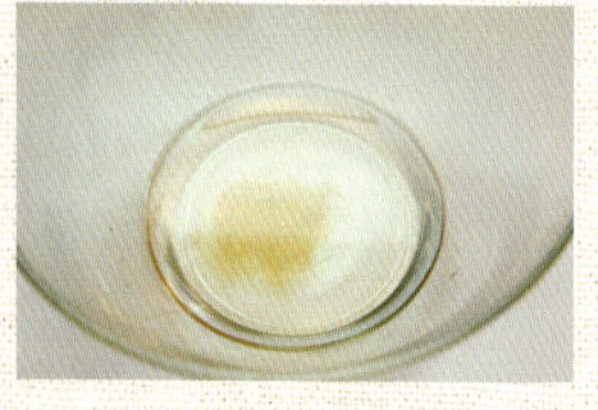

1 카놀라유, 꿀을 넣고 섞는다.

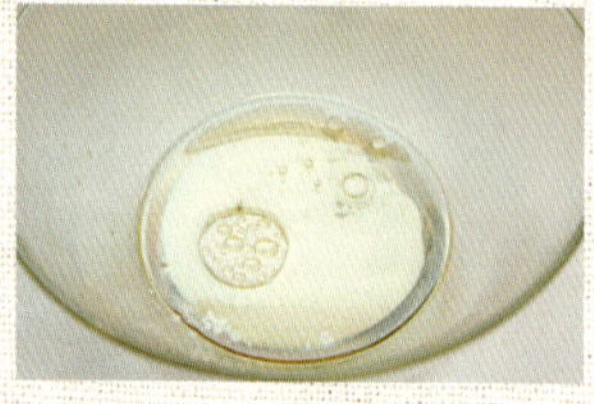

2 우유, 올리고당을 넣고 섞는다.

3 체에 친 볶은 콩가루, 통밀가루
를 넣고 섞는다.

4 반죽을 비닐로 싼 뒤 냉장실에
30분간 넣어둔다.

5 오븐용 그릇에 반죽을 넣고 편다.

6 칼집을 내고 이쑤시개로 반죽
을 찔러준 뒤 170도로 예열한
오븐에서 20분간 굽는다.

건포도 캐슈넛 쿠키

베이킹 재료

카놀라유 50g, 올리고당 50g, 우유 10g, 소금1/4ts, 통밀가루 150g,
건포도 30g, 캐슈넛 30g

1 올리고당, 카놀라유를 넣고 섞는다.

2 우유를 넣고 섞는다.

3 체에 친 통밀가루, 소금을 넣고 섞는다.

4 건포도, 캐슈넛을 넣고 섞는다.

5 동그랗게 빚은 뒤 170도로 예열한 오븐에서 18분간 굽는다.

HOME BAKING 09

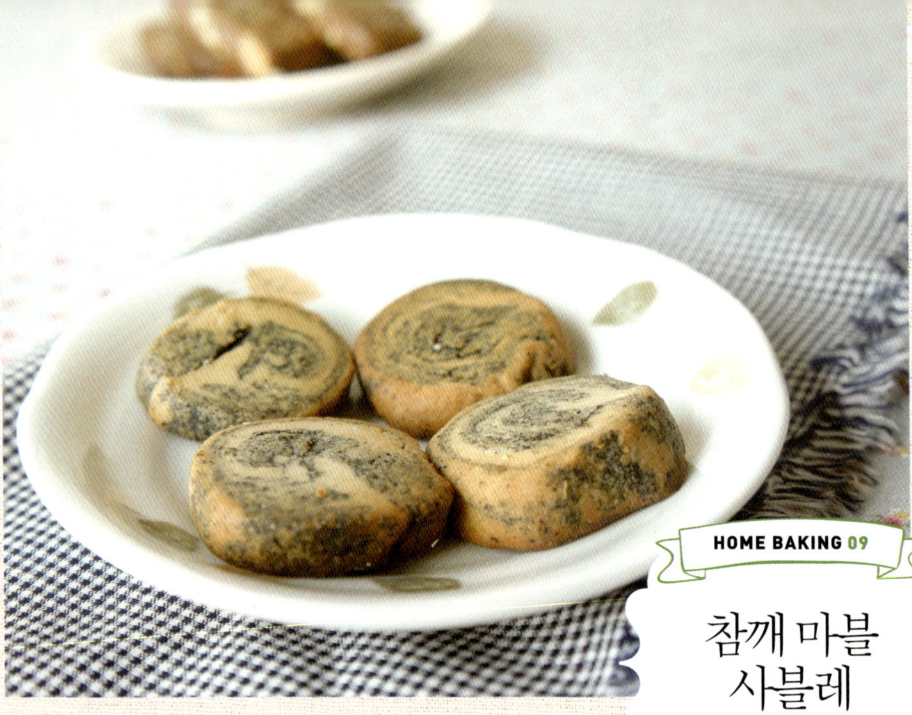

참깨 마블 사블레

베이킹 재료

통밀가루 100g, 꿀 60g, 카놀라유 35g, 검은깨 30g

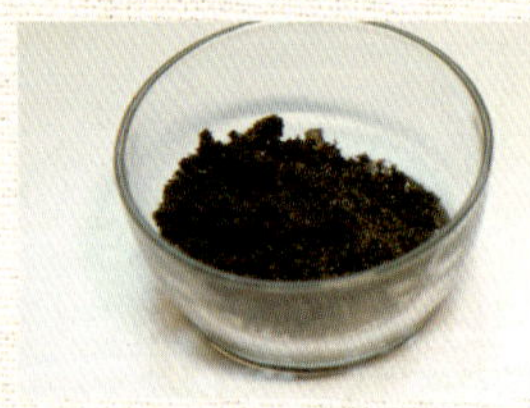

1 검은깨는 곱게 갈아 준비한다.

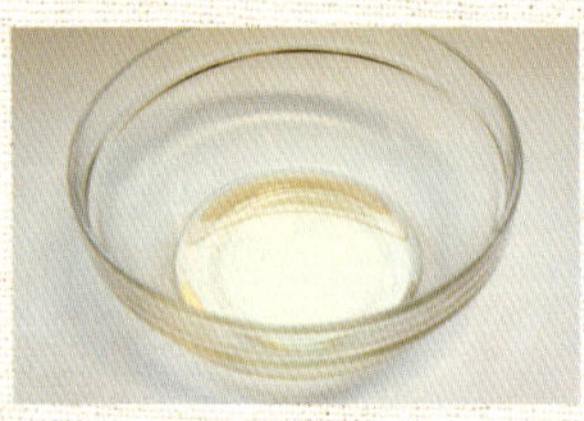

2 꿀, 카놀라유를 넣고 섞는다.

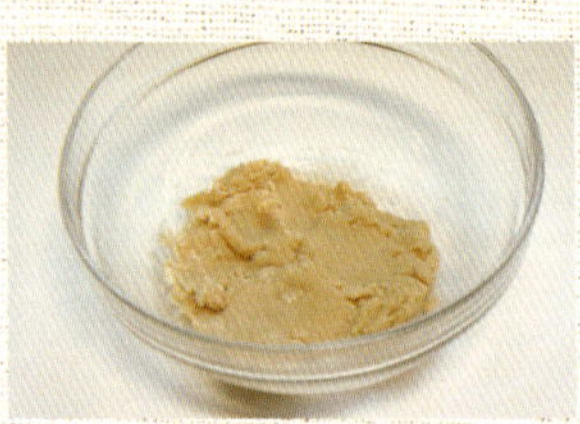

3 체에 친 통밀가루를 넣고 섞는다.

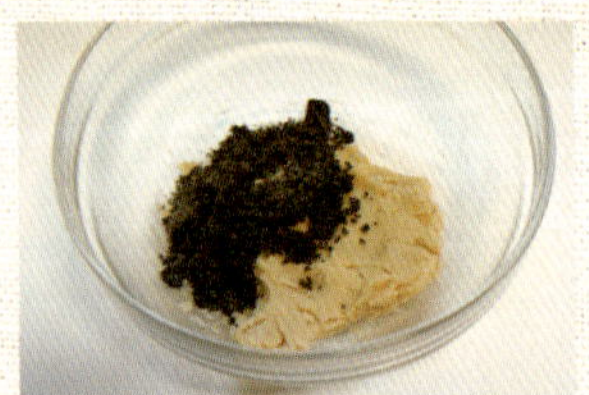

4 1을 넣고 섞는다.

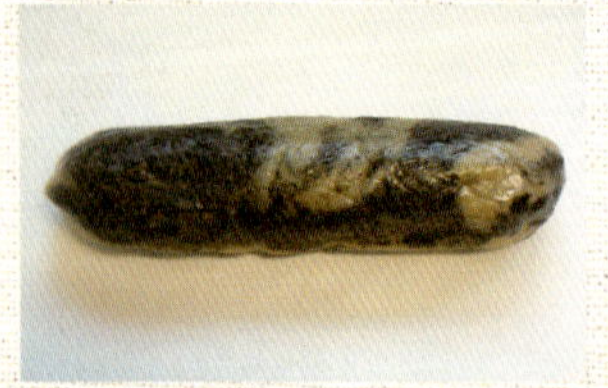

5 반죽을 타원형으로 만들어 랩으로 싼 뒤 냉동실에 넣고 3시간 이상 얼린다.

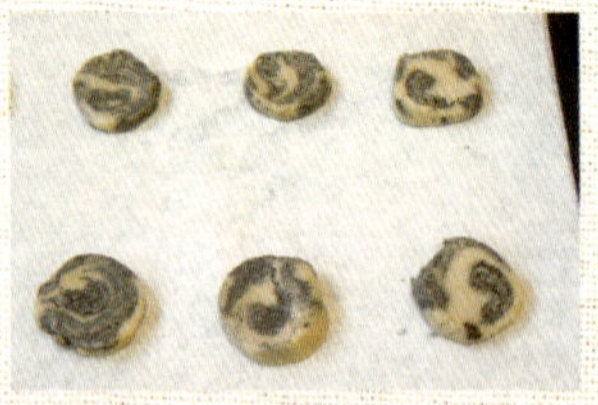

6 0.7cm 두께로 자른 뒤 180도로 예열한 오븐에서 16분간 굽는다.

HOME BAKING 10

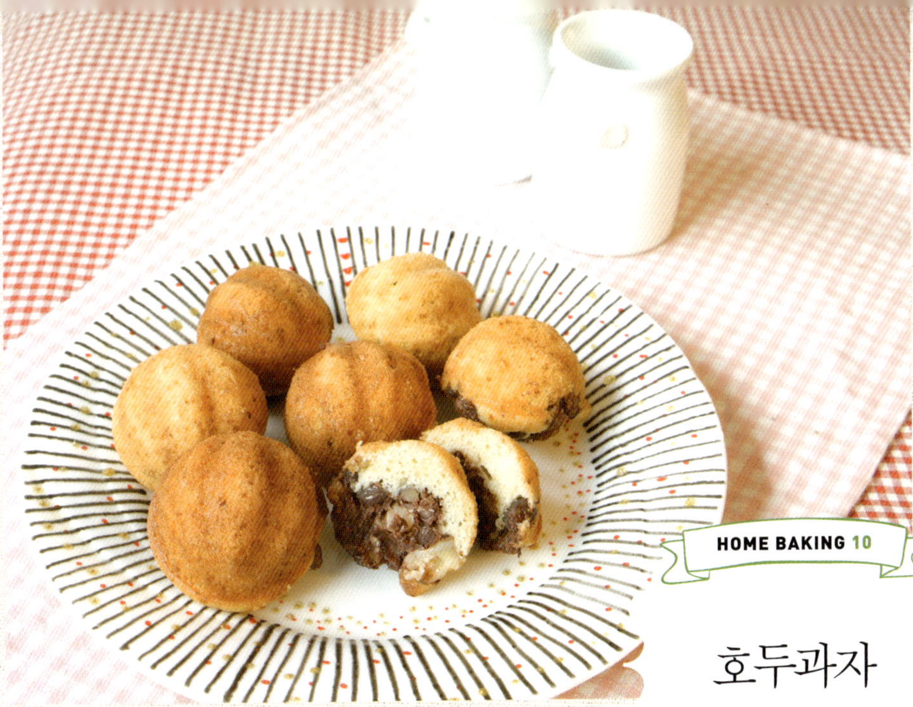

호두과자

베이킹 재료

통밀가루 110g, 베이킹파우더 1ts, 올리고당 50g, 달걀 1개, 우유 70g, 카놀라유 30g, 팥앙금, 호두 약간씩

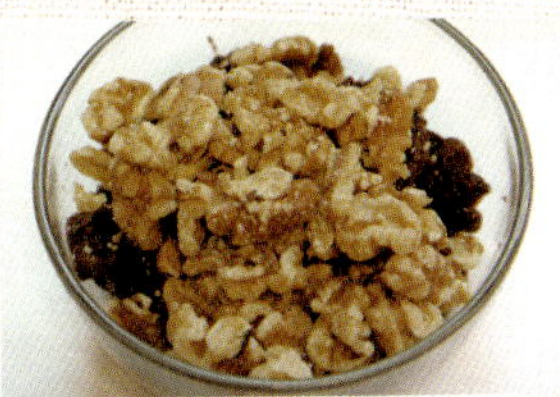

1 호두는 잘게 부순 뒤 팥앙금에 넣고 섞는다.

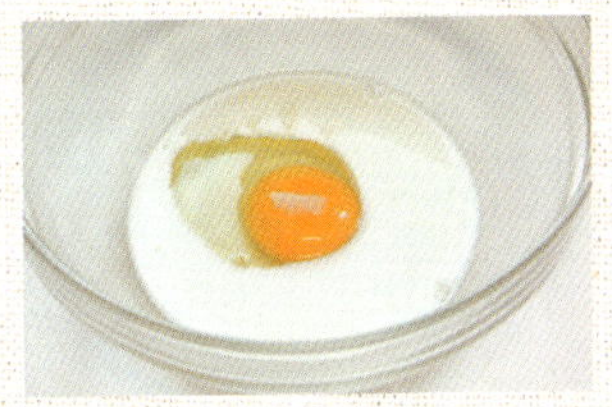

2 달걀, 우유, 올리고당을 넣고 섞는다.

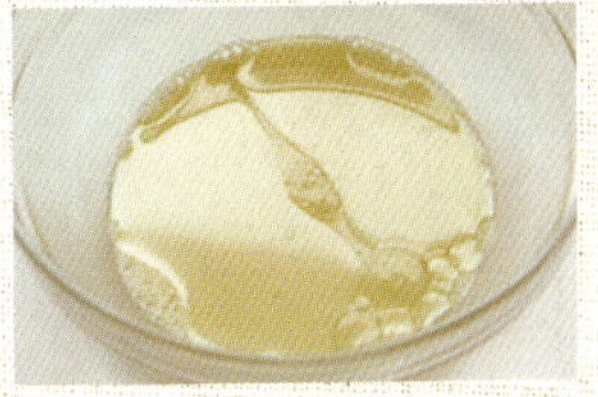

3 카놀라유를 넣고 섞는다.

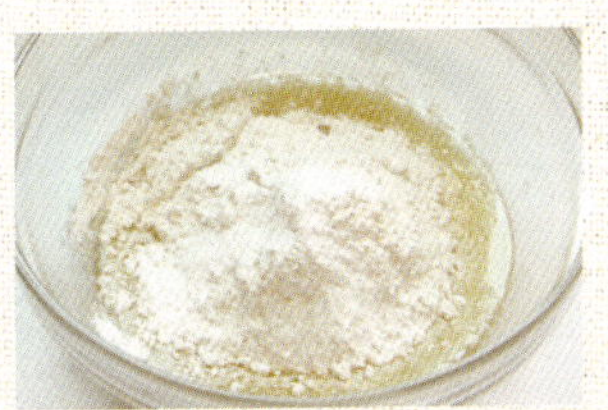

4 체에 친 통밀가루, 베이킹파우더를 넣고 섞는다.

5 호두과자 틀의 1/2 높이만큼 반죽을 붓는다.

170도로 예열한 오븐에 넣고 18분간 구워주세요.

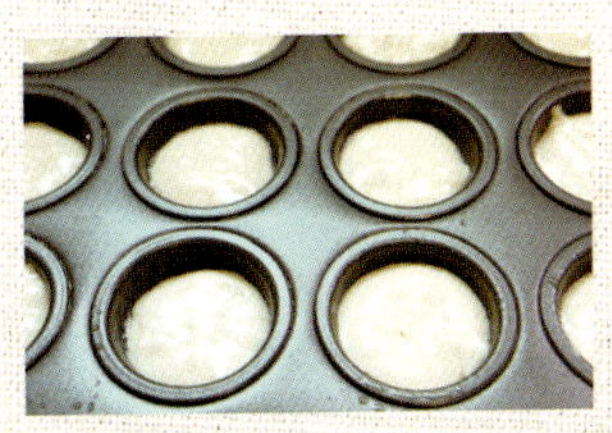

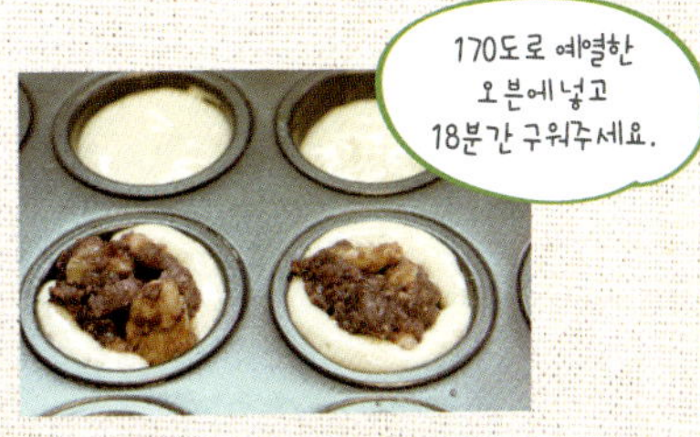

6 1을 동그랗게 빚어 5 위에 올린다.

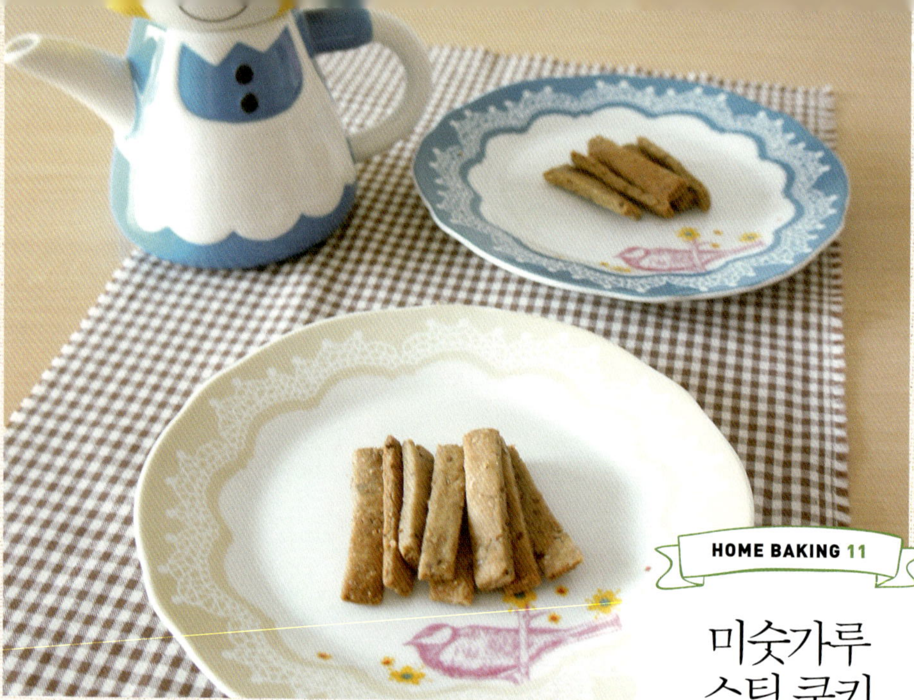

HOME BAKING 11

미숫가루 스틱 쿠키

베이킹 재료

카놀라유 60g, 피넛버터 30g, 꿀 40g, 통밀가루 120g, 미숫가루 15g, 참깨 1Ts, 베이킹파우더 1/2ts

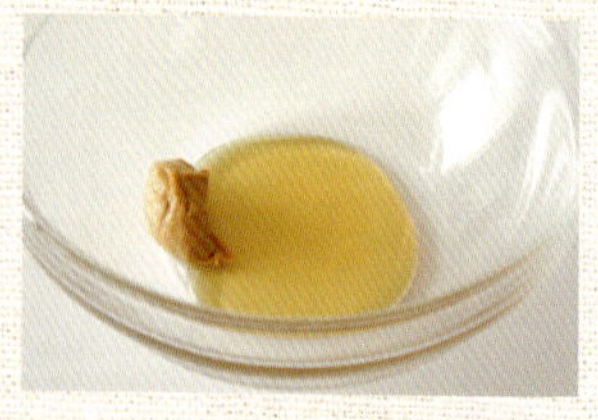

1 꿀, 피넛버터를 넣고 섞는다.

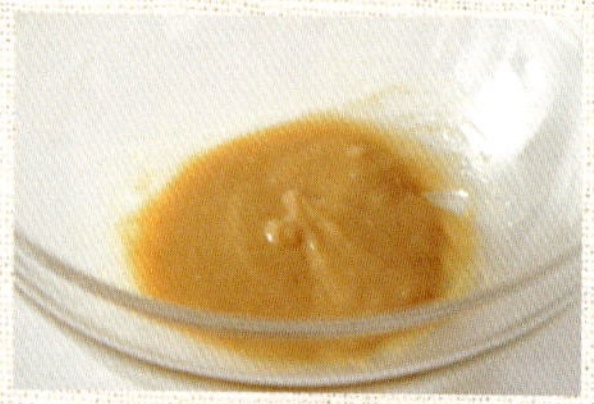

2 카놀라유를 넣고 섞는다.

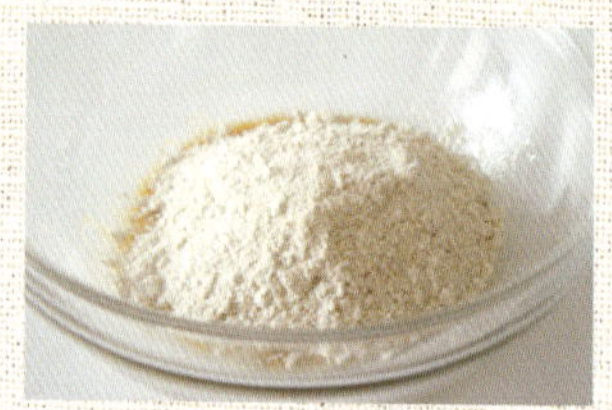

3 체에 친 미숫가루, 통밀가루, 베이킹파우더를 넣고 섞는다.

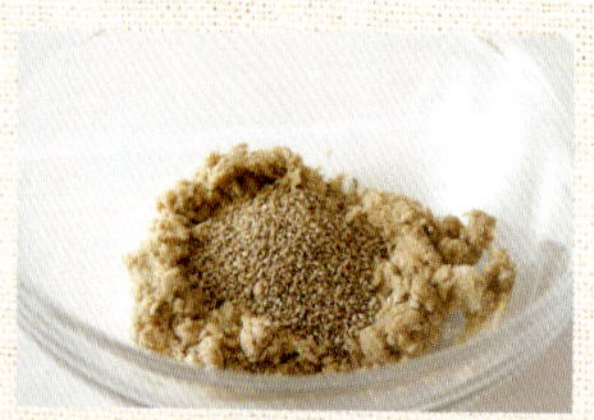

4 참깨를 넣고 섞는다.

5 반죽을 비닐에 싼 뒤 냉장실에 30분간 넣어둔다.

180도로 예열한 오븐에서 12분간 구워주세요.

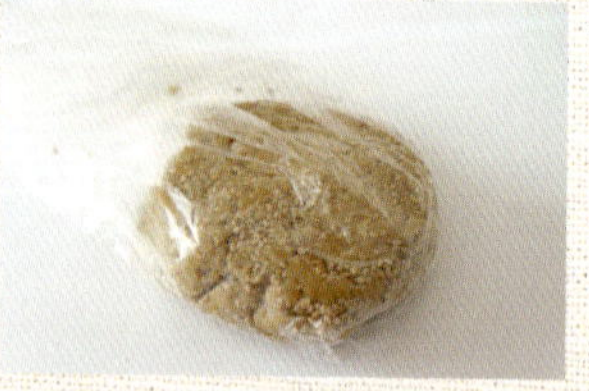

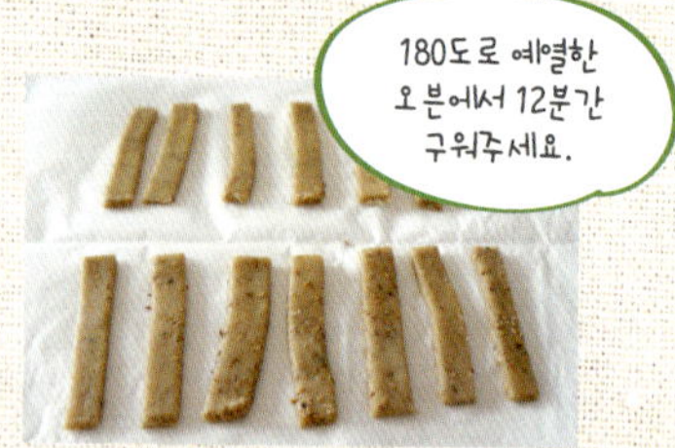

6 반죽을 밀대로 밀어 썰어준다.

땅콩버터 초코칩 쿠키

베이킹 재료

카놀라유 20g, 피넛버터 15g, 우유 1Ts, 올리고당 35g, 통밀가루 80g,
베이킹소다 1/4ts, 초코칩 50g

1 카놀라유, 피넛버터, 우유, 올리고당을 넣고 섞는다.

2 체에 친 통밀가루, 베이킹소다를 넣고 섞는다.

3 초코칩을 넣고 섞는다.

4 동글납작하게 빚은 뒤 170도로 예열한 오븐에서 17분간 굽는다.

피넛 쿠키

베이킹 재료

통밀가루 140g, 베이킹소다 1/2ts, 카놀라유 30g, 피넛버터 80g,
우유 30g, 꿀 50g, 볶은 땅콩 30g

1 피넛버터, 꿀을 넣고 섞는다.

2 카놀라유를 넣고 섞는다.

3 체에 친 통밀가루, 베이킹소다
를 넣고 섞는다.

4 우유, 볶은 땅콩을 넣고 섞는다.

5 동글납작하게 빚은 뒤 170도로
예열한 오븐에서 17분간 굽는다.

허니 피넛버터 롤 쿠키

베이킹 재료

카놀라유 35g, 올리고당 35g, 소금 1/4ts, 통밀가루 110g
허니 피넛버터 재료 : 피넛버터 30g, 꿀 30g, 다진 견과류 16g

1 허니 피넛버터 재료를 모두 넣고 섞는다.

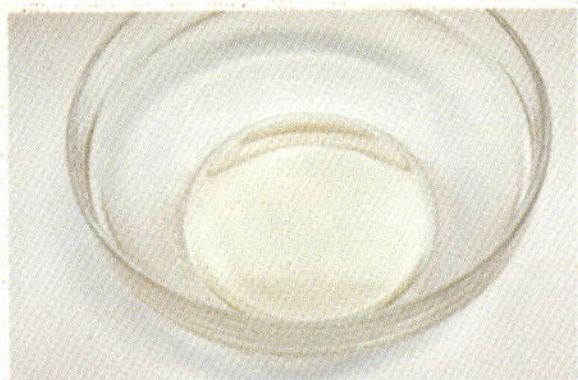

2 카놀라유, 올리고당, 소금을 넣고 섞는다.

3 체에 친 통밀가루를 넣고 섞는다.

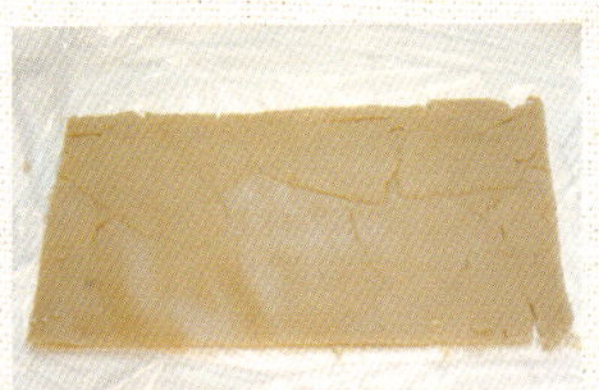

4 3을 비닐에 싼 뒤 밀대로 민다.

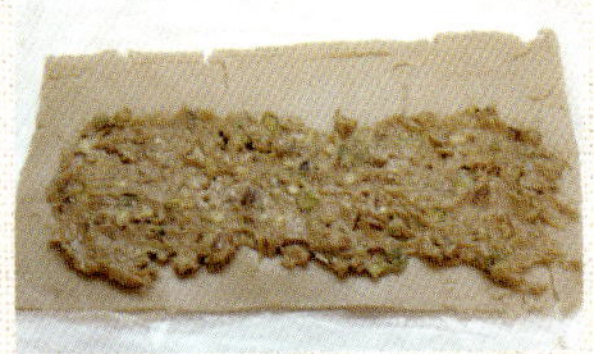

5 4 위에 1을 올린 뒤 돌돌 만다.

6 0.7cm 두께로 썬 뒤 170도로 예열한 오븐에서 16분간 굽는다.

HOME BAKING 15

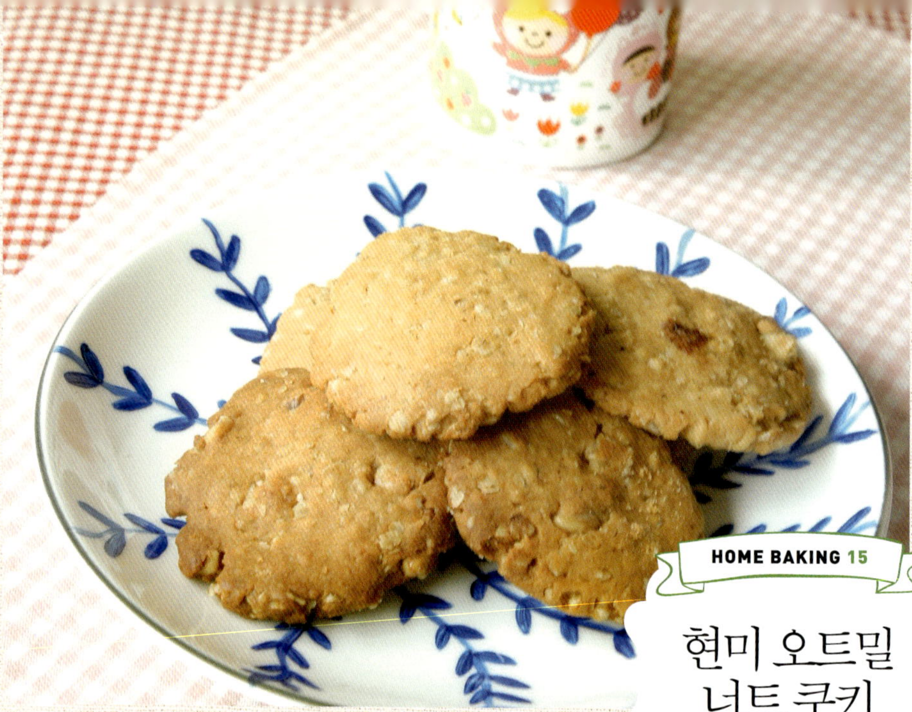

현미 오트밀 너트 쿠키

베이킹 재료

카놀라유 60g, 피넛버터 30g, 올리고당 100g, 베이킹파우더 2g, 오트밀 150g, 현미가루 100g, 굵게 자른 아몬드 20g, 호두 20g

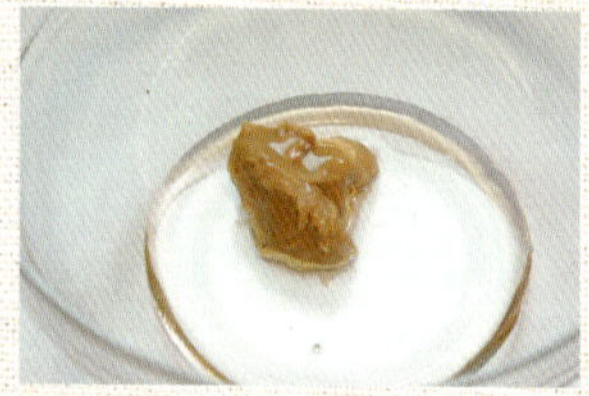

1 피넛버터, 올리고당을 넣고 섞는다.

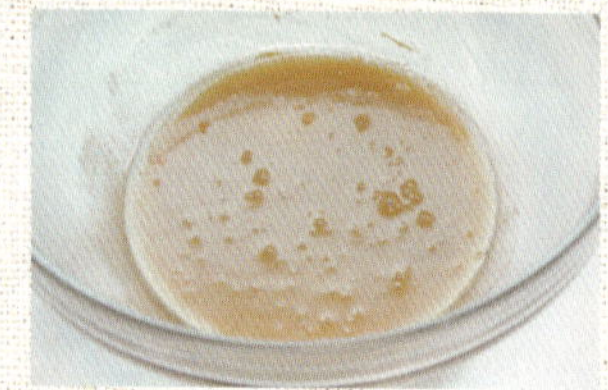

2 카놀라유를 넣고 섞는다.

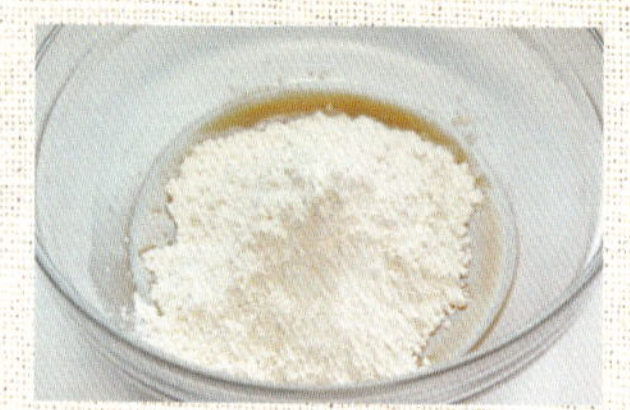

3 체에 친 베이킹파우더, 현미가루를 넣고 섞는다.

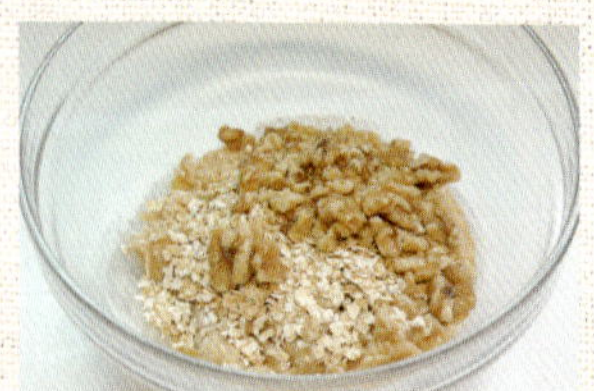

4 오트밀, 아몬드와 호두를 넣고 섞는다.

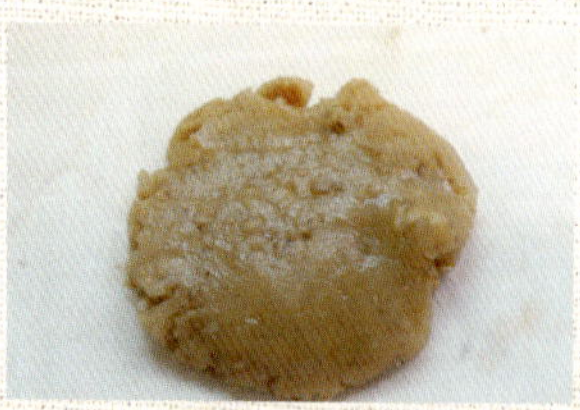

5 동글납작하게 빚은 뒤 170도로 예열한 오븐에서 16분간 굽는다.

오트밀 레이즌 쿠키

베이킹 재료

카놀라유 20g, 우유 1Ts, 올리고당 35g, 달걀 1개, 통밀가루 90g, 베이킹소다 1/4ts,
오트밀 20g, 건포도 30g, 아몬드 슬라이스 20g

1 카놀라유, 우유, 올리고당을 넣고 섞는다.

2 달걀을 넣고 섞는다.

3 체에 친 베이킹소다, 통밀가루를 넣고 섞는다.

4 오트밀을 넣고 섞는다.

5 건포도, 아몬드 슬라이스를 넣고 섞는다.

6 스푼으로 반죽을 떨어뜨려 팬닝한 뒤 170도로 예열한 오븐에서 18분간 굽는다.

HOME BAKING 17

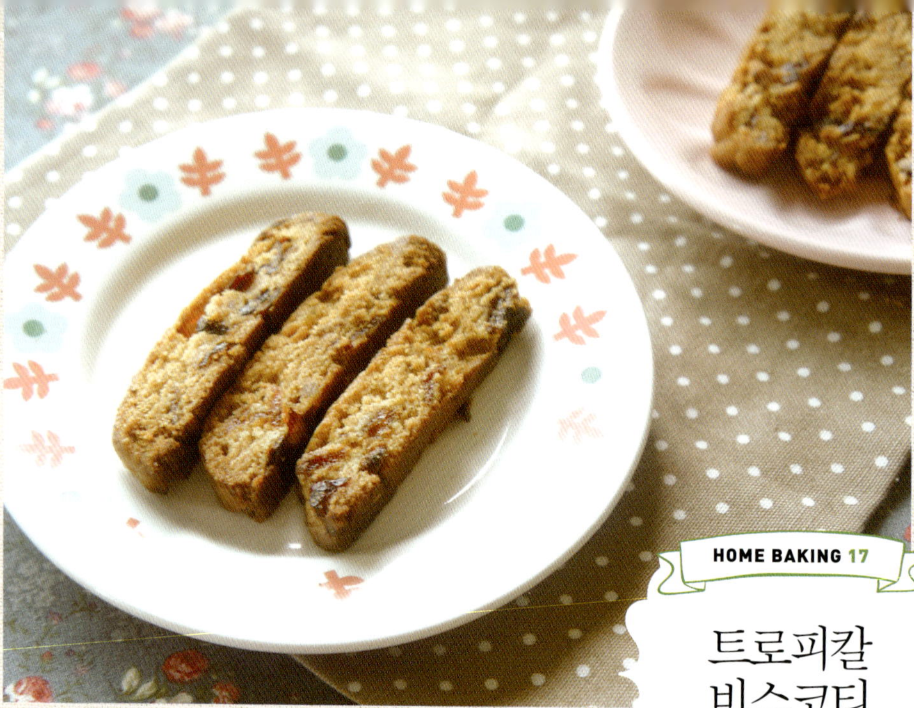

트로피칼 비스코티

베이킹 재료

통밀가루 110g, 베이킹파우더 1/2ts, 카놀라유 50g, 올리고당 80g, 말린 크랜베리 20g, 말린 살구 35g, 오렌지필 10g

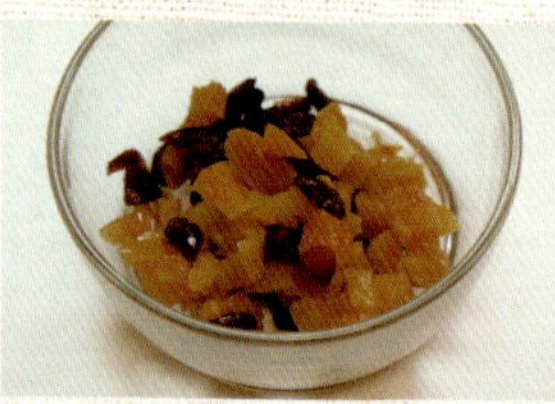

1 말린 살구는 작게 다져 크랜베리, 오렌지필과 섞는다.

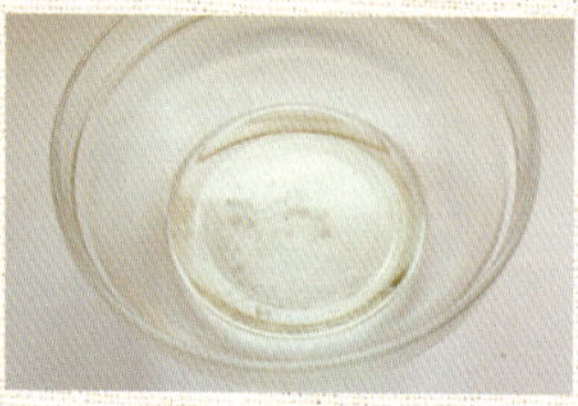

2 카놀라유, 올리고당을 넣고 섞는다.

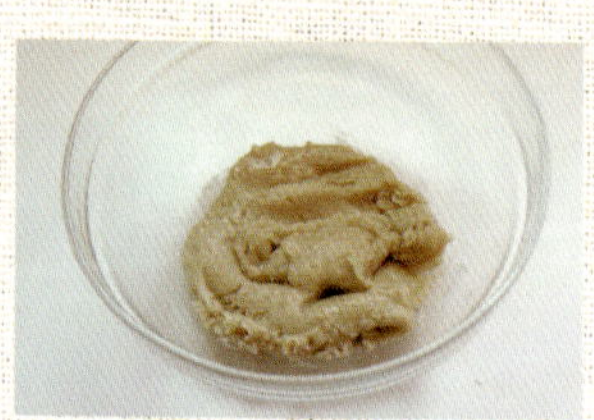

3 체에 친 통밀가루, 베이킹파우더를 넣고 섞는다.

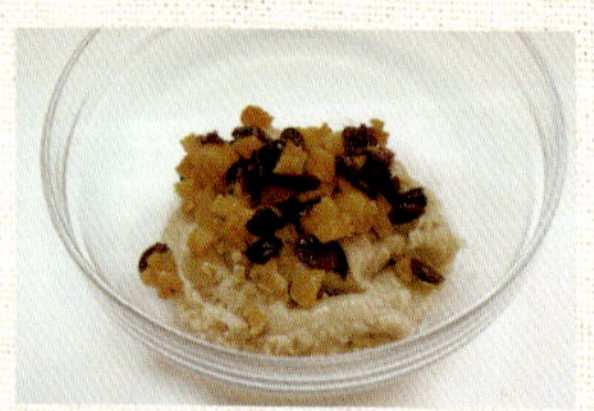

4 1을 넣고 섞는다.

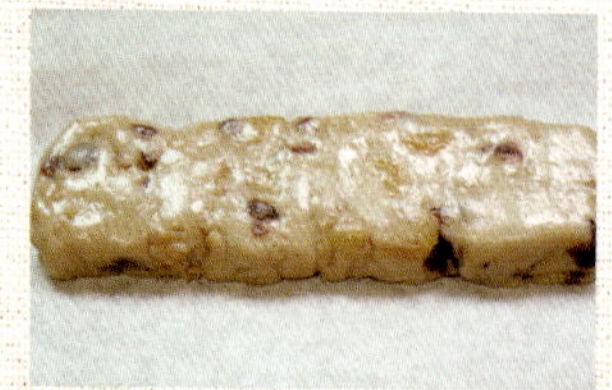

5 직사각형으로 반죽을 빚은 뒤 170도로 예열한 오븐에서 16분간 굽는다.

170도로 예열한 오븐에서 앞뒤로 10분씩 구워주세요.

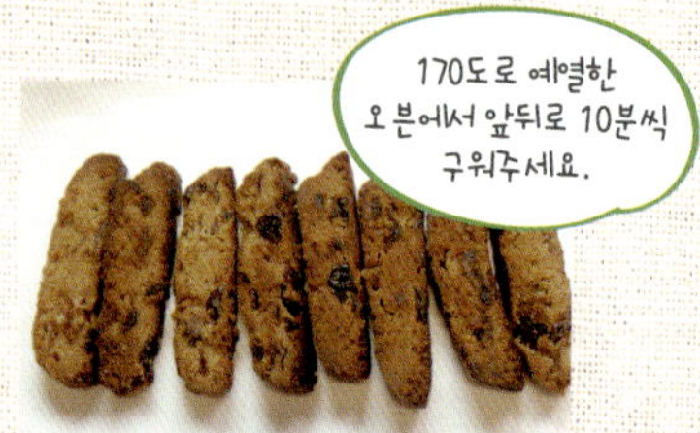

6 5를 완전히 식힌 뒤 0.7cm 두께로 자른다.

딸기 크랜베리 볼

베이킹 재료

통밀가루 90g, 아몬드가루 20g, 카놀라유 50g, 올리고당 30g, 딸기가루 8g,
물 1Ts, 베이킹파우더 1/2ts, 말린 크랜베리 20g

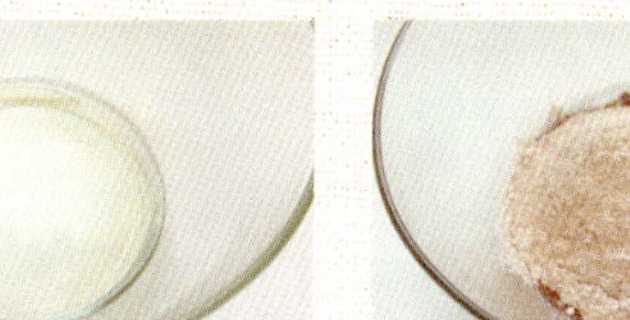

1 카놀라유, 올리고당을 넣고 섞는다.

2 체에 친 아몬드가루, 딸기가루, 베이킹파우더, 통밀가루를 넣고 섞는다.

3 2에 물을 넣고 섞는다.

4 말린 크랜베리를 넣고 섞는다.

5 동그랗게 빚은 뒤 170도로 예열한 오븐에서 18분간 굽는다.

HOME BAKING 19

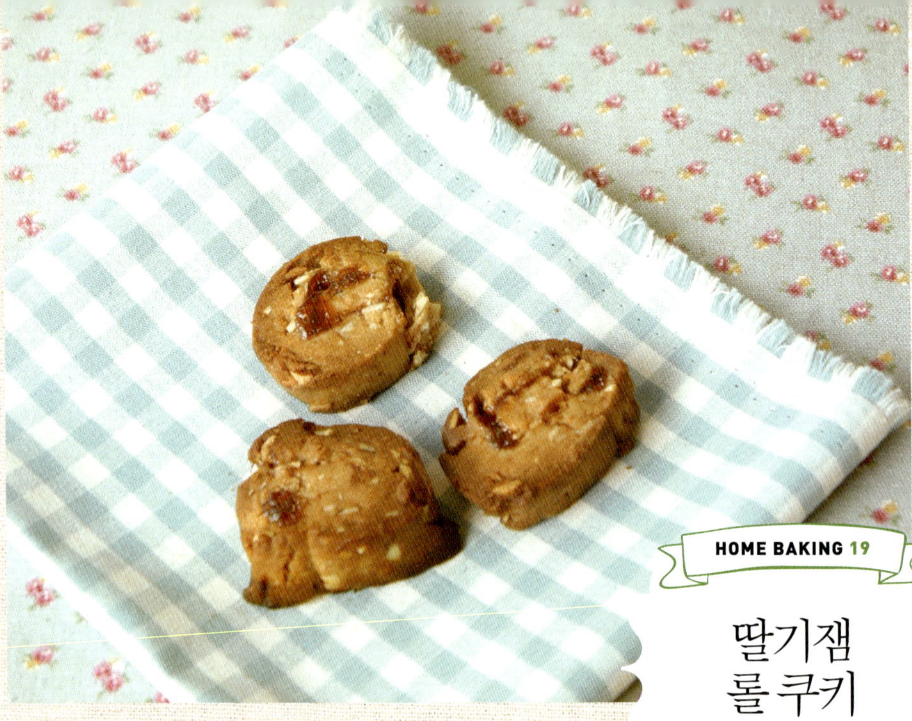

딸기잼 롤 쿠키

베이킹 재료
카놀라유 50g, 아가베시럽 30g, 통밀가루 125g, 베이킹파우더 1/4ts,
아몬드 슬라이스 50g, 딸기잼 40g

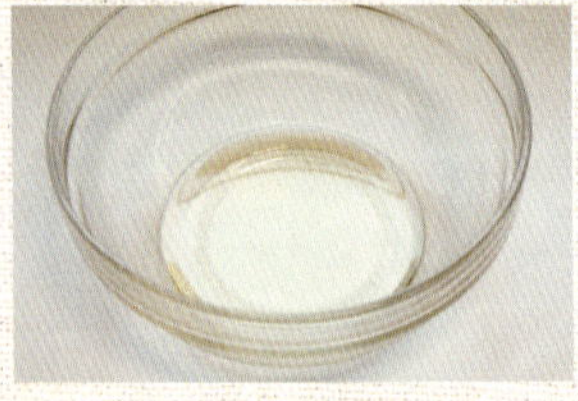

1 카놀라유, 아가베시럽을 넣고 섞는다.

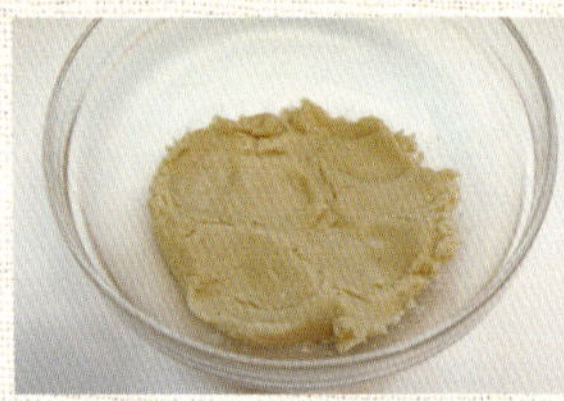

2 체에 친 통밀가루, 베이킹파우더를 넣고 섞는다.

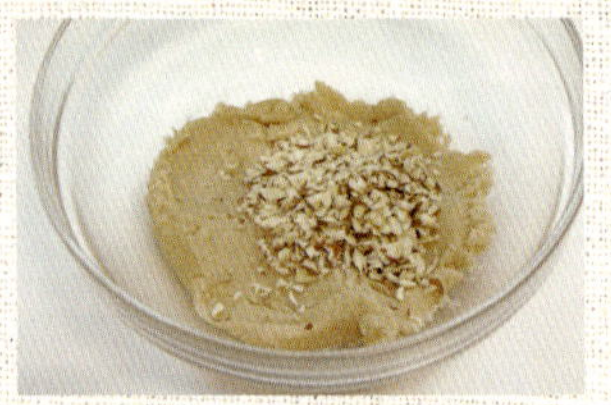

3 아몬드 슬라이스를 넣고 섞는다.

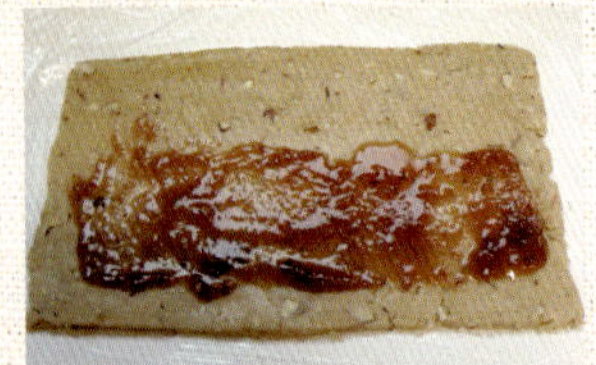

4 반죽을 밀대로 밀어 딸기잼을 올린다.

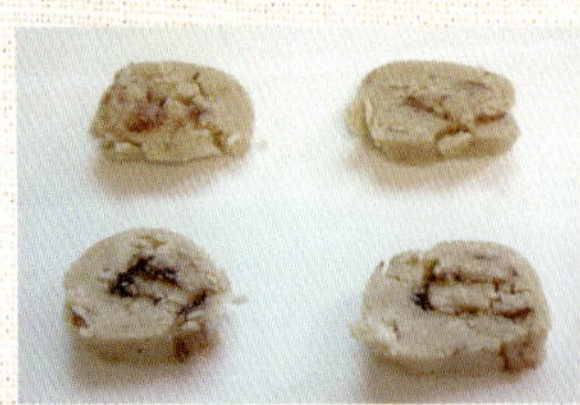

5 돌돌 말아 170도로 예열한 오븐에서 18분간 굽는다.

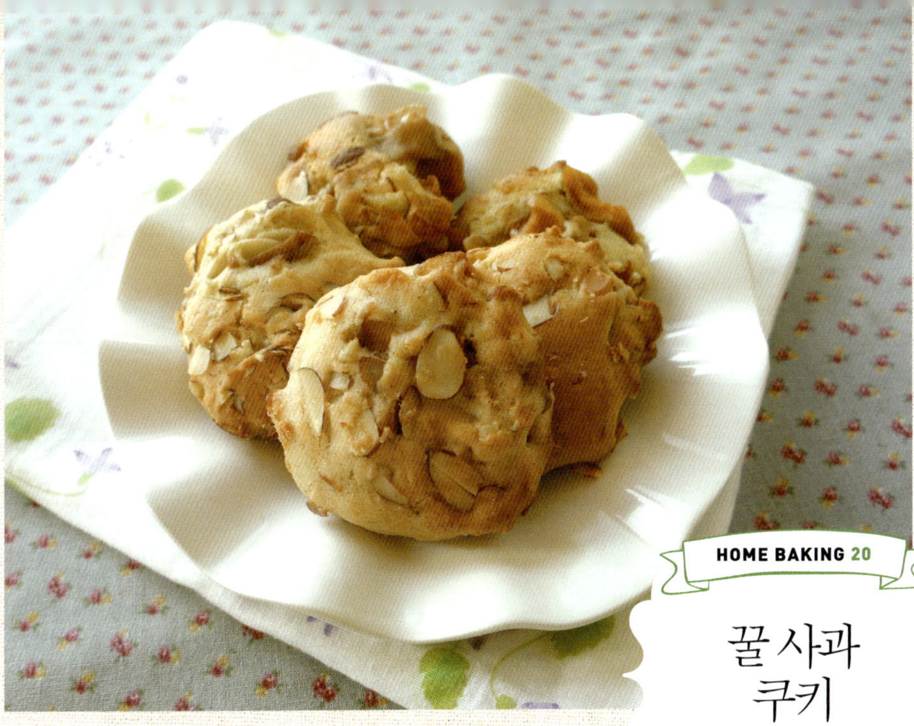

HOME BAKING 20

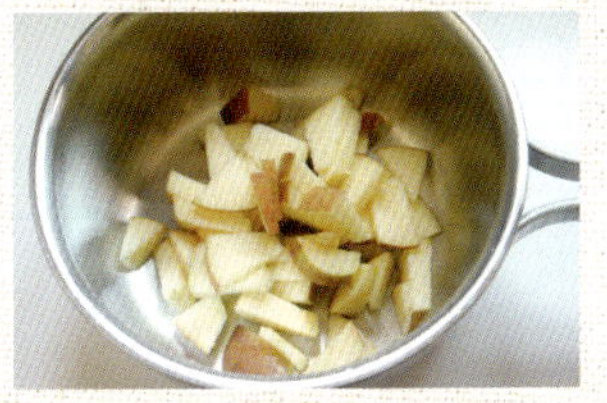

꿀 사과 쿠키

베이킹 재료

달걀 1개, 올리고당 70g, 아몬드 슬라이스 40g, 카놀라유 45g, 통밀가루 140g, 베이킹파우더 1/2ts, 사과 1개, 꿀 20g, 레몬즙 10g, 계피가루 약간

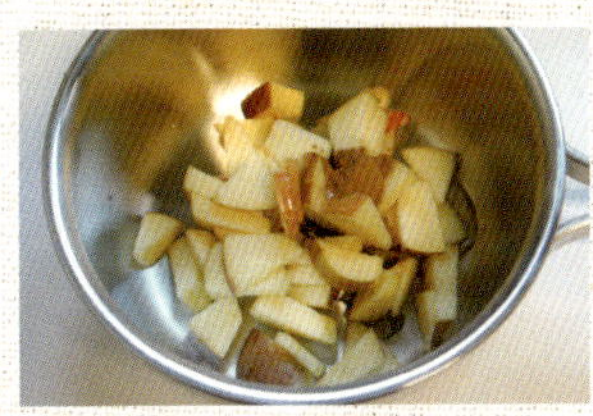

1 사과는 납작하게 썰어 레몬즙, 꿀을 넣고 약불에서 조린다.

2 계피가루를 넣고 섞는다.

3 달걀, 올리고당, 카놀라유를 넣고 섞는다.

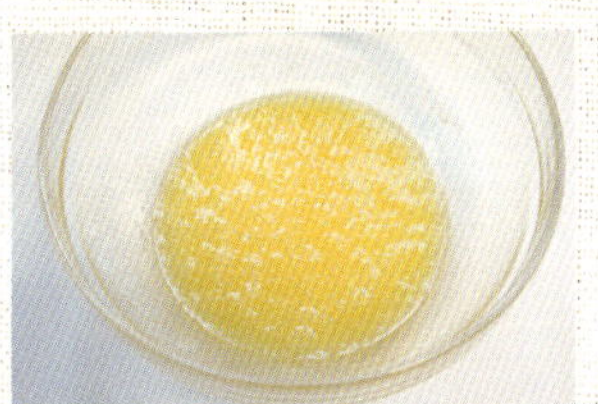

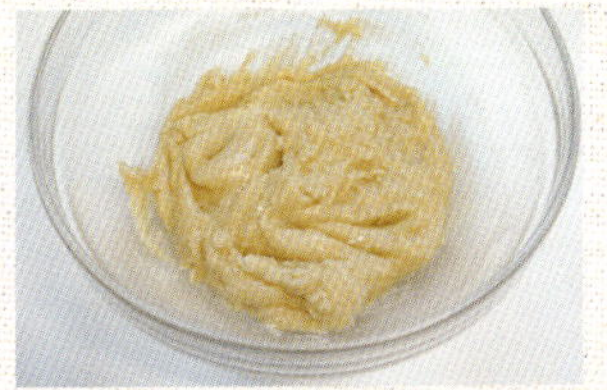

4 체에 친 통밀가루, 베이킹파우더를 넣고 섞는다.

5 아몬드 슬라이스와 2를 넣고 섞는다.

6 스푼으로 반죽을 떨어뜨린 뒤 180도로 예열한 오븐에서 15분간 굽는다.

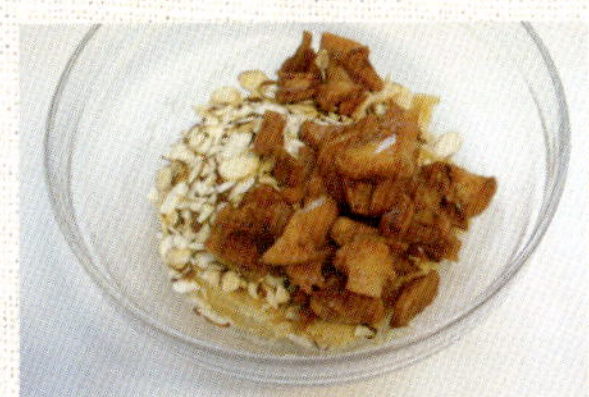

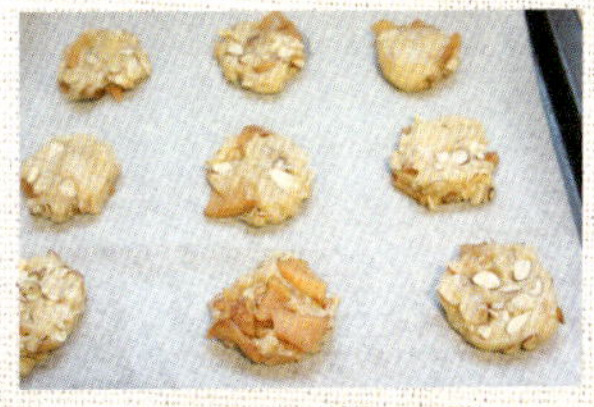

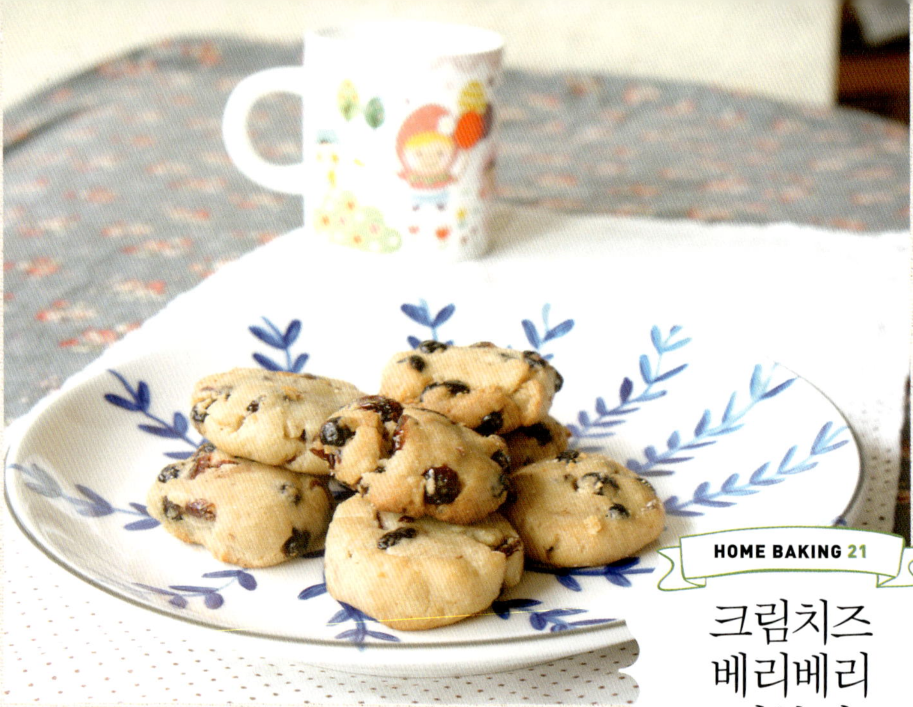

HOME BAKING 21

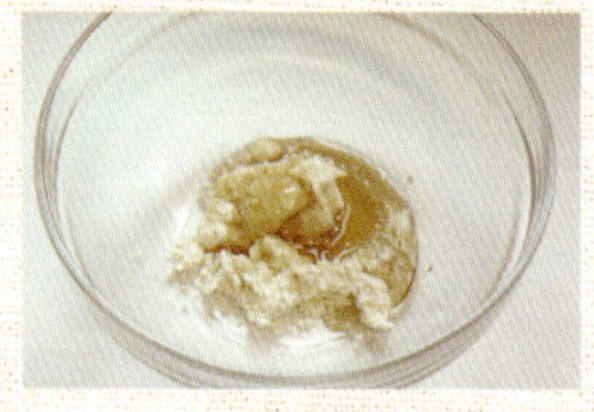

크림치즈 베리베리 사블레

베이킹 재료

카놀라유 40g, 크림치즈 40g, 꿀 50g, 통밀가루 110g,
말린 크랜베리 20g, 말린 블루베리 20g

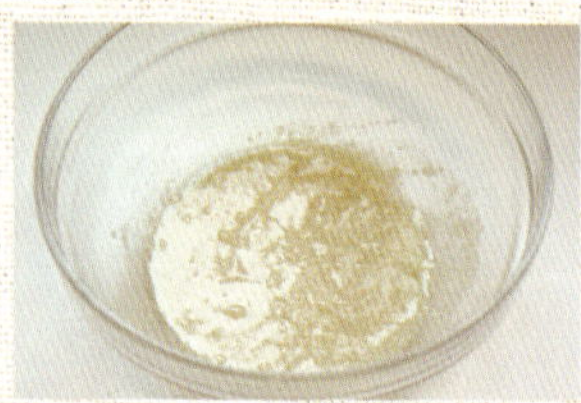

1 크림치즈, 꿀을 넣고 섞는다.

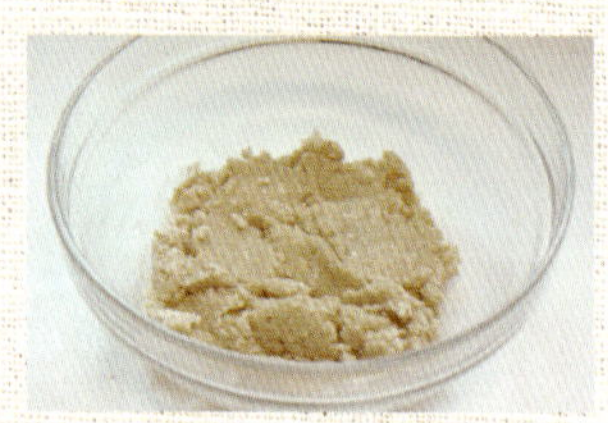

2 카놀라유를 넣고 섞는다.

3 체에 친 통밀가루를 넣고 섞는다.

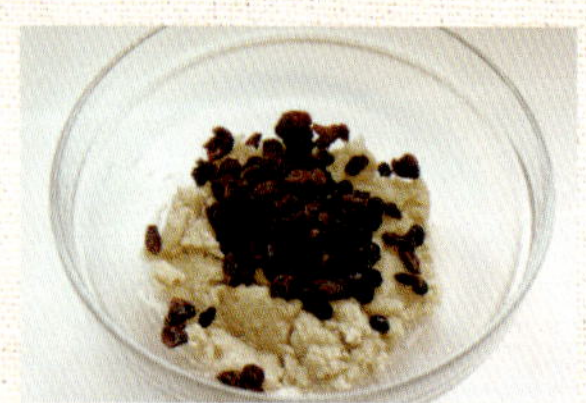

4 말린 크랜베리, 말린 블루베리를 넣고 섞는다.

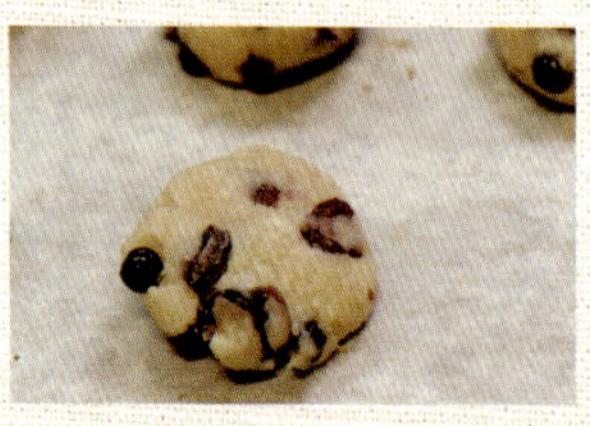

5 동그랗게 빚은 뒤 180도로 예열한 오븐에서 15분간 굽는다.

HOME BAKING 22

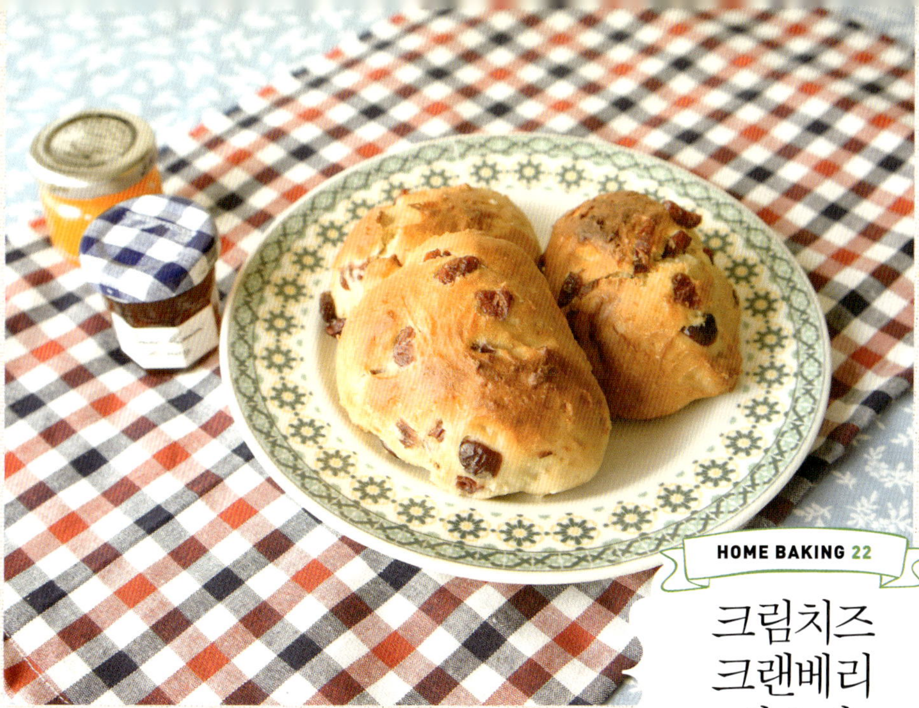

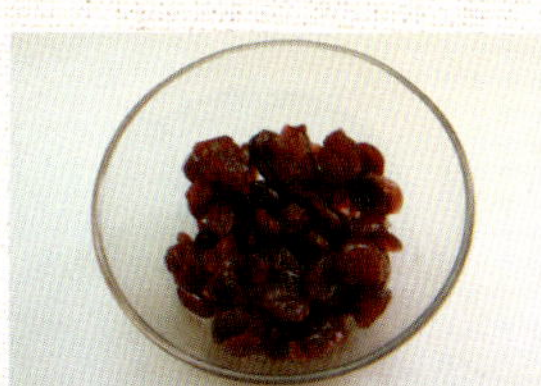

크림치즈 크랜베리 비스킷

베이킹 재료

크림치즈 100g, 통밀가루 180g, 달걀 1개, 꿀 50g, 베이킹파우더 4g, 요거트 60g, 말린 크랜베리 40g, 물 약간

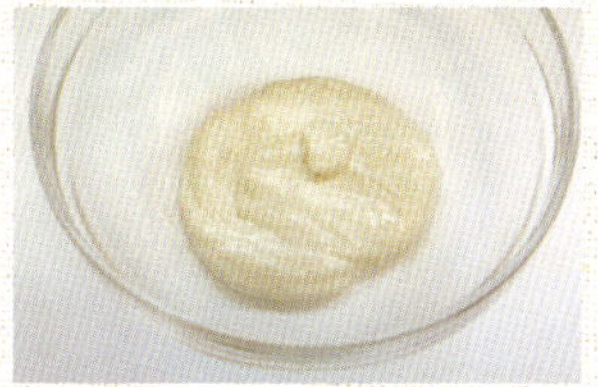

1 말린 크랜베리는 물에 불린 뒤 물기를 뺀다.

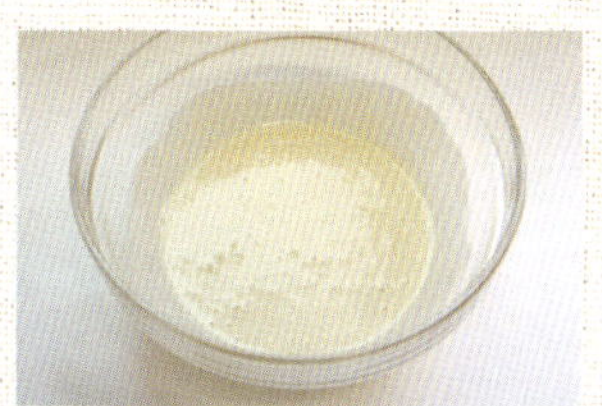

2 크림치즈, 요거트, 꿀을 넣고 섞는다.

3 달걀을 넣고 섞는다.

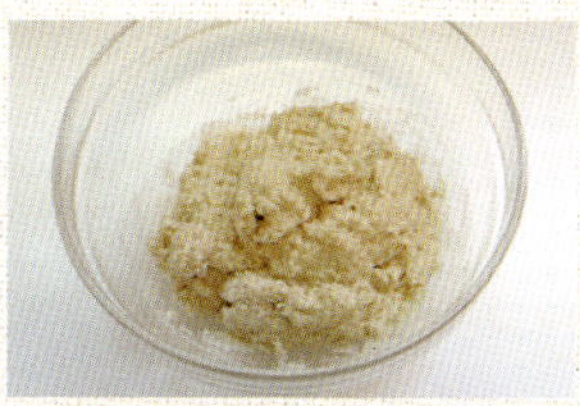

4 체에 친 통밀가루, 베이킹파우더를 넣고 섞는다.

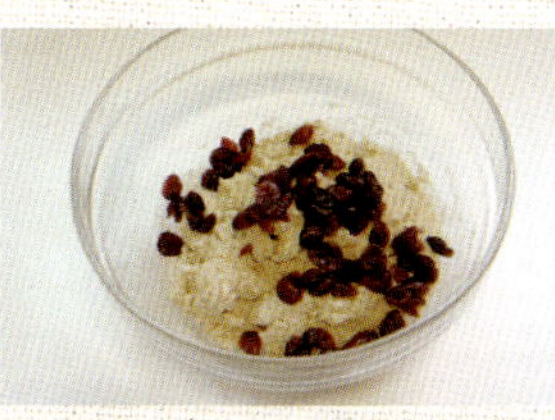

5 1을 넣고 섞는다.

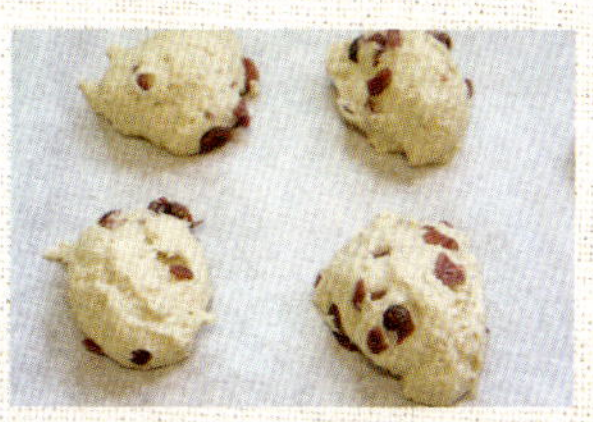

6 아이스크림 스쿱으로 반죽을 떨어뜨린 뒤 170도로 예열한 오븐에서 18분간 굽는다.

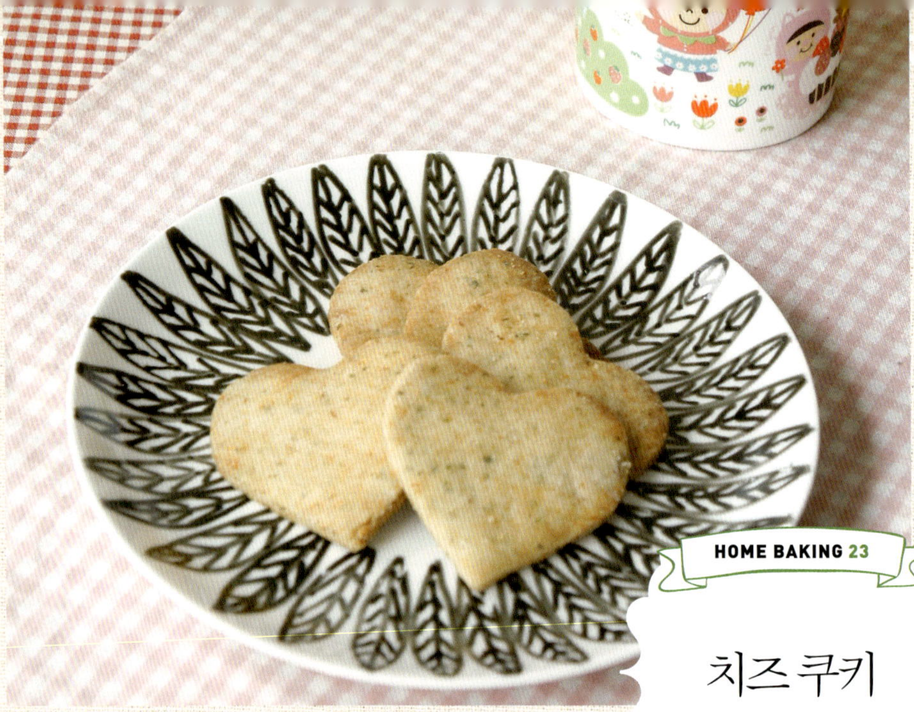

HOME BAKING 23

치즈 쿠키

베이킹 재료

카놀라유 35g, 꿀 40g, 달걀 1/2개, 통밀가루 90g, 아몬드가루 20g, 파마산치즈가루 25g, 오레가노 1/2ts

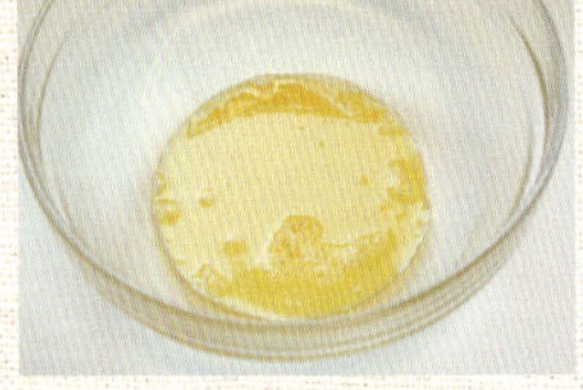

1 꿀, 달걀을 넣고 섞는다.

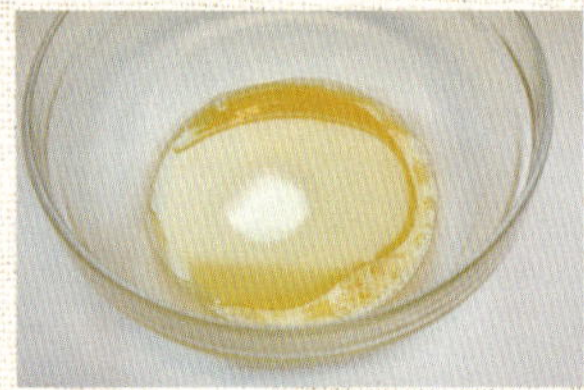

2 카놀라유를 넣고 섞는다.

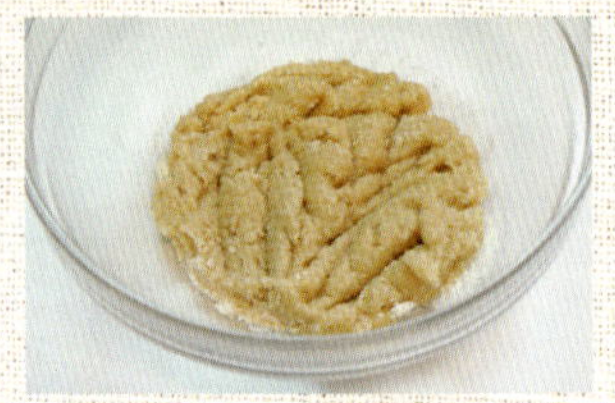

3 체에 친 통밀가루, 아몬드가루, 파마산치즈가루를 넣고 섞는다.

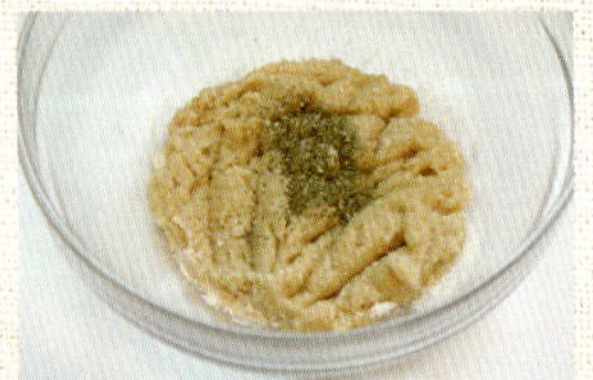

4 오레가노를 넣고 섞는다.

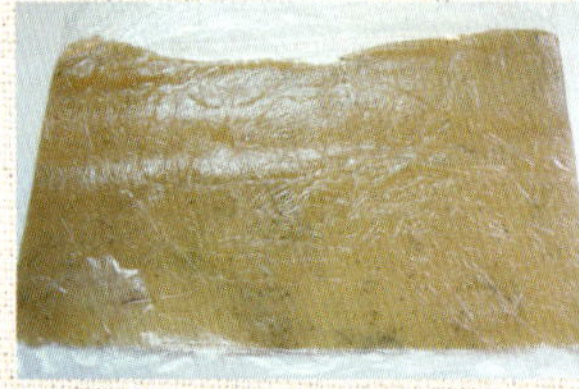

5 반죽을 밀대로 민다.

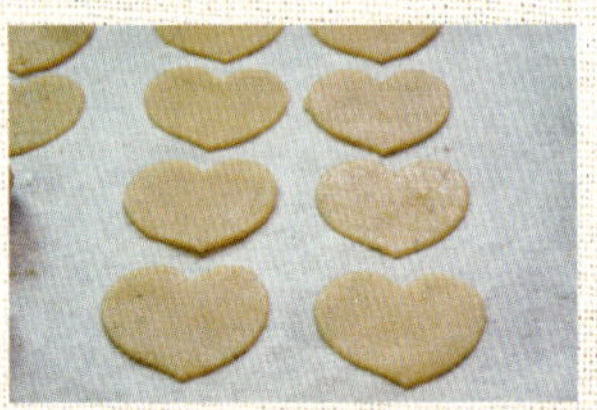

6 쿠키 커터로 반죽을 찍어 팬닝한 뒤 180도로 예열한 오븐에서 10분간 굽는다.

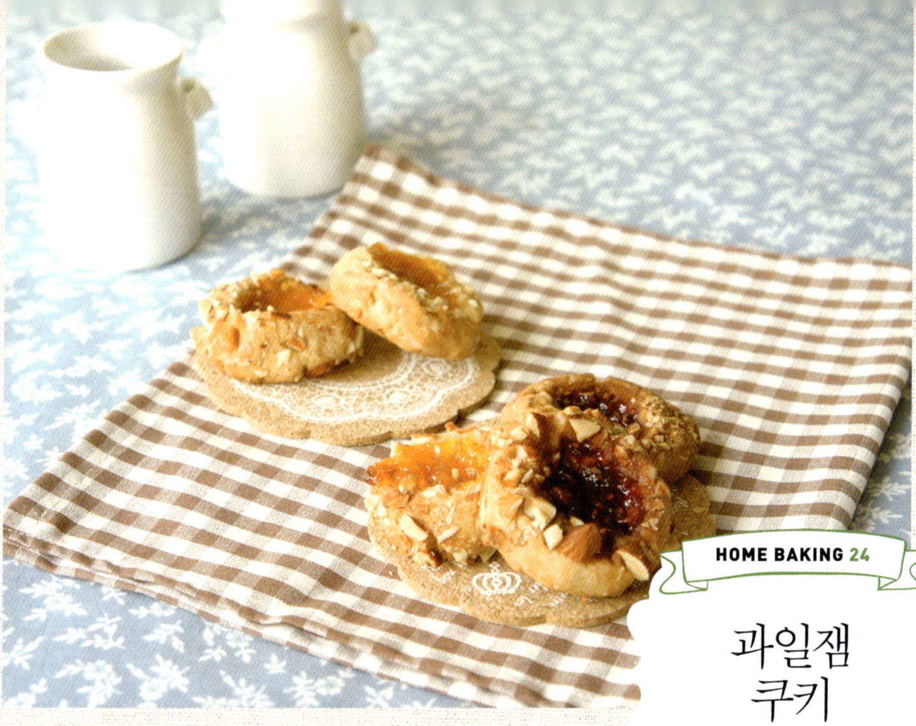

HOME BAKING 24

과일잼 쿠키

베이킹 재료

카놀라유 50g, 올리고당 60g, 소금 1꼬집, 통밀가루 150g, 과일잼 약간, 아몬드 슬라이스 약간

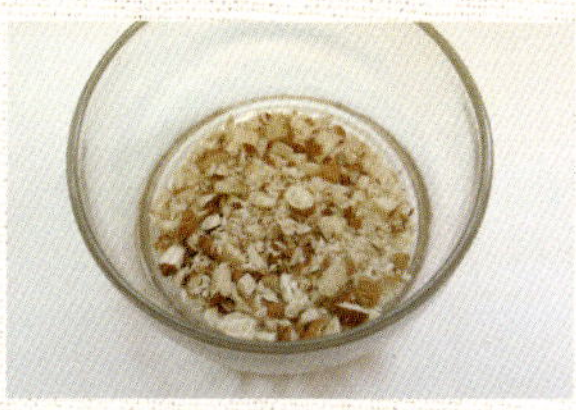

1 아몬드 슬라이스는 굵게 잘라 준비한다.

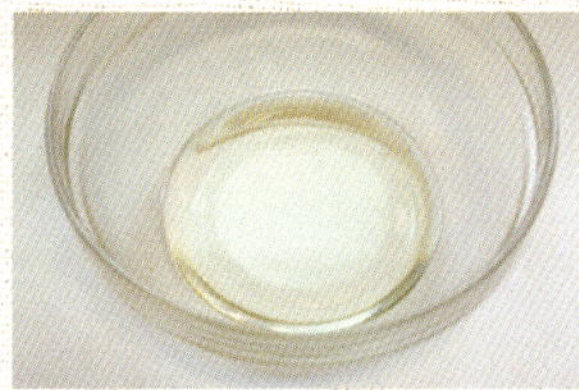

2 올리고당, 카놀라유를 넣고 섞는다.

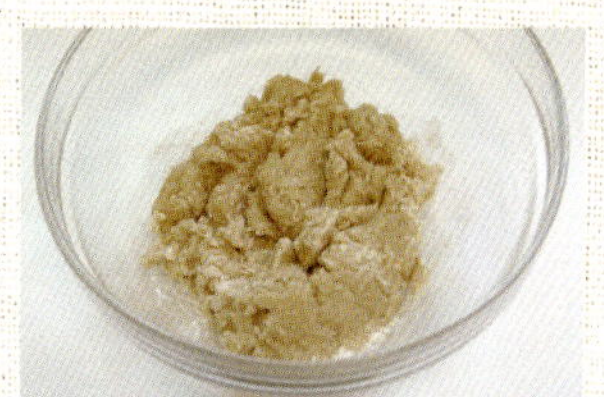

3 체에 친 통밀가루, 소금을 넣고 섞는다.

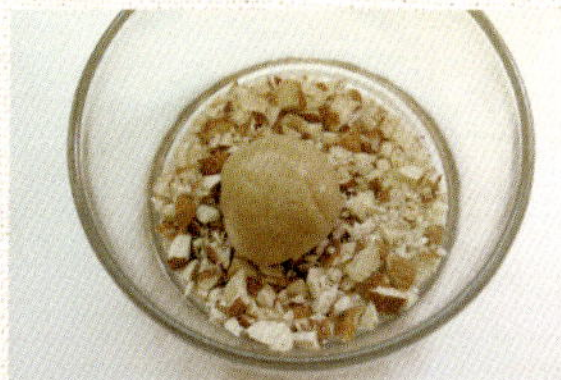

4 반죽을 동그랗게 빚은 뒤 1에 넣고 굴린다.

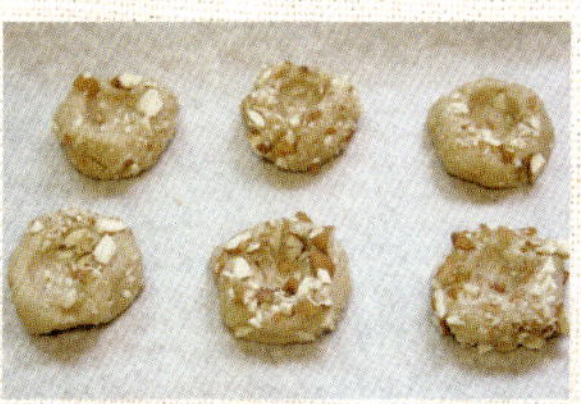

5 반죽의 중앙을 눌러 홈을 만든다.

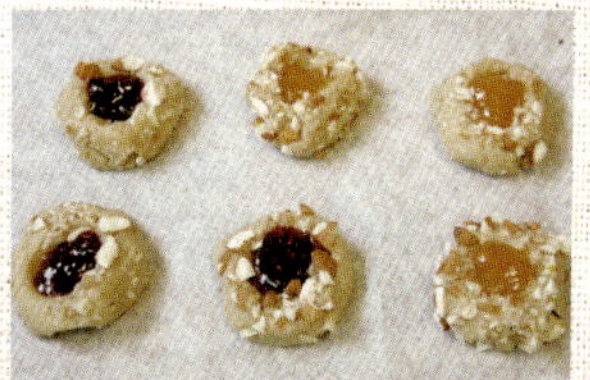

6 과일잼을 채워 180도로 예열한 오븐에서 15분간 굽는다.

HOME BAKING 25

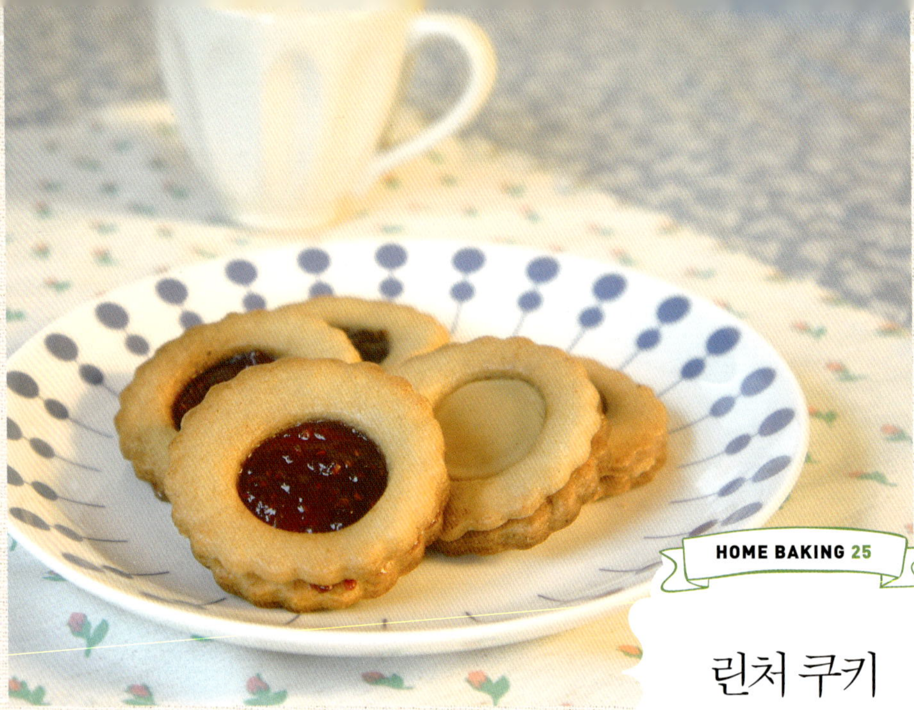

린처 쿠키

베이킹 재료

카놀라유 50g, 통밀가루 180g, 아몬드가루 20g, 올리고당 100g,
베이킹파우더 1/2ts, 과일잼 적당량

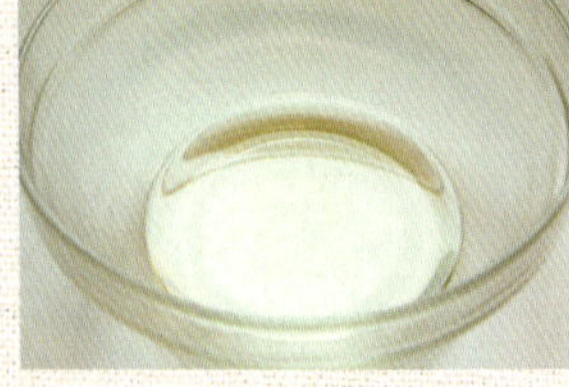

1 카놀라유, 올리고당을 넣고 섞는다.

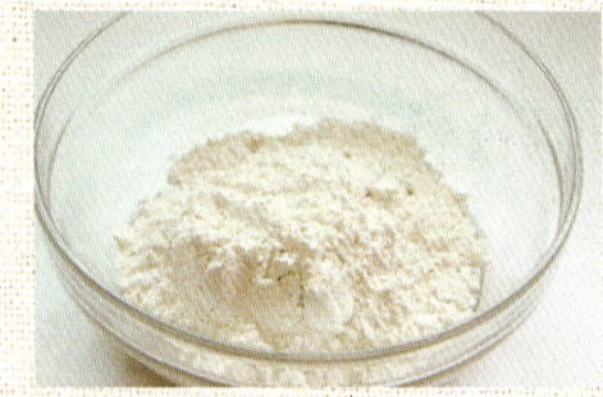

2 체에 친 통밀가루, 아몬드가루, 베이킹파우더를 넣고 섞는다.

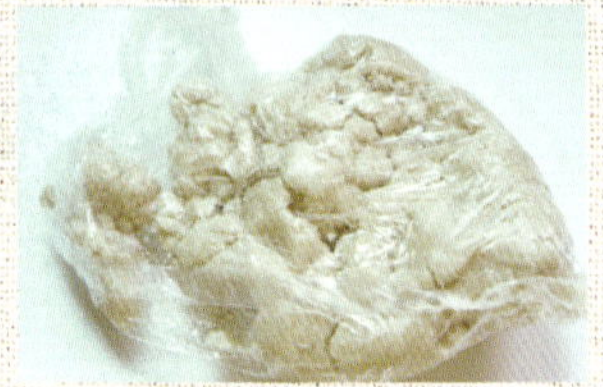

3 반죽을 비닐에 싼 뒤 냉장실에 30분간 넣어둔다.

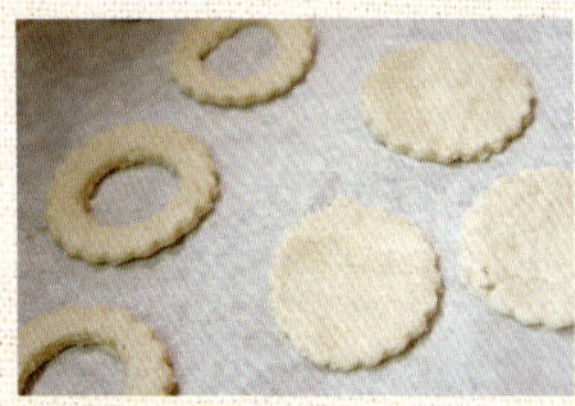

4 반죽을 밀대로 밀어 린처 쿠키 틀로 찍는다.

5 중앙이 채워진 쿠키 위에 중앙을 판 쿠키를 올리고 중앙을 잼으로 채운다.

170도로 예열한 오븐에서 15분간 구워주세요.

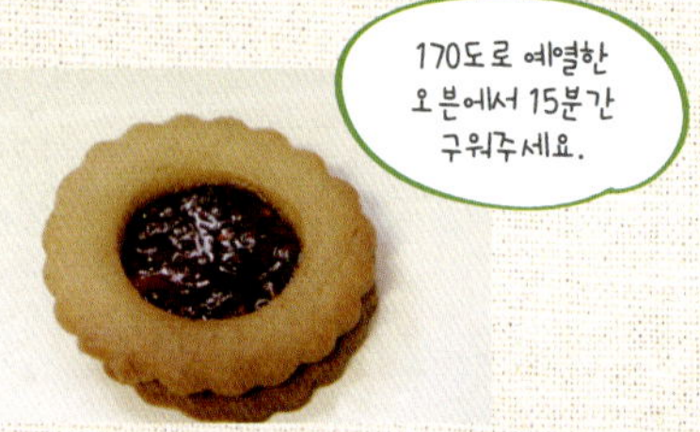

진저 스노우볼

베이킹 재료

통밀가루 95g, 생강파우더 7g, 카놀라유 50g, 아몬드가루 20g,
꿀 40g, 슈거파우더 약간

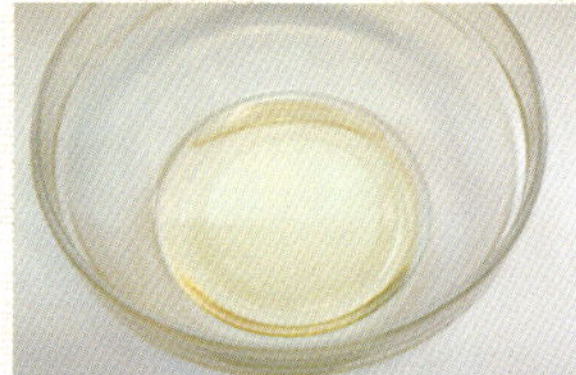

1 카놀라유, 꿀을 넣고 섞는다.

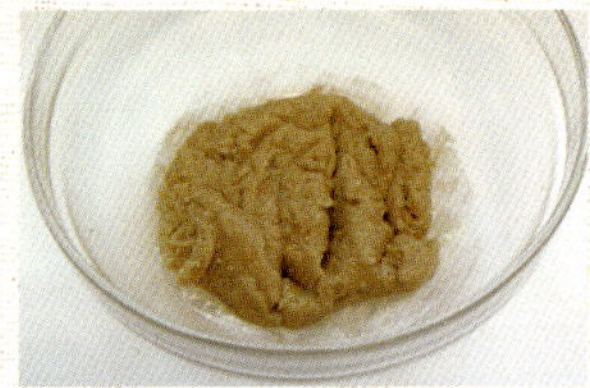

2 체에 친 생강파우더, 통밀가루를 넣고 섞는다.

3 아몬드가루를 넣고 섞는다.

4 반죽을 동그랗게 빚어 180도로 예열한 오븐에서 15분간 굽는다.

5 구운 쿠키를 슈거파우더에 굴린다.

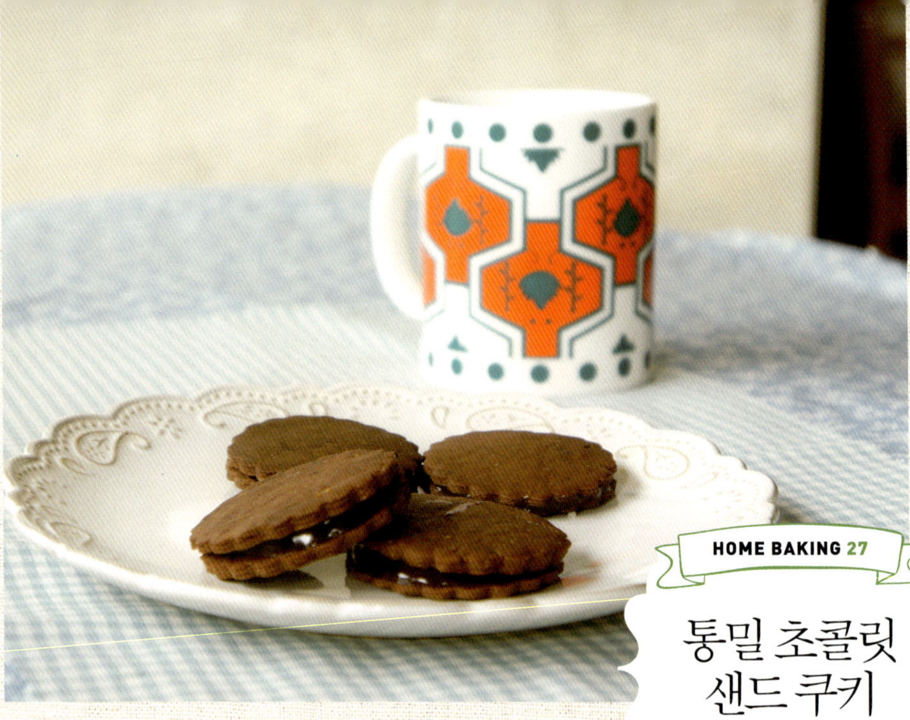

HOME BAKING 27

통밀 초콜릿 샌드 쿠키

베이킹 재료

카놀라유 30g, 꿀 60g, 우유 20g, 통밀가루 100g, 베이킹파우더 1/2ts, 코코아가루 10g, 다크초콜릿 60g, 생크림 25g

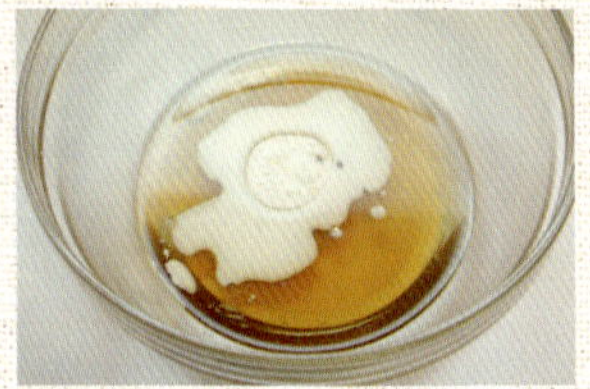

1 꿀, 우유, 카놀라유를 넣고 섞는다.

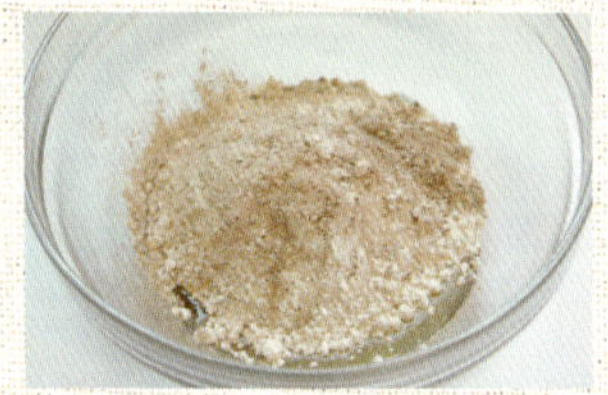

2 체에 친 통밀가루, 베이킹파우더, 코코아가루를 넣고 섞는다.

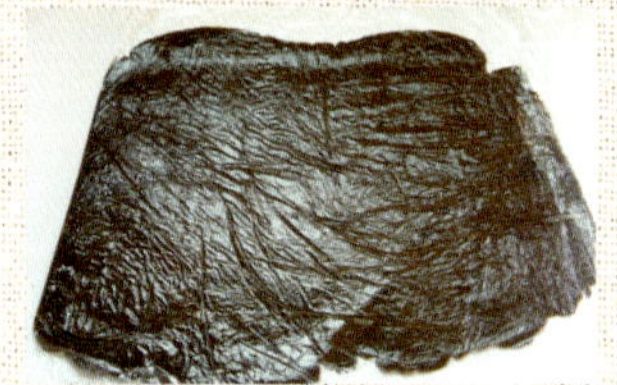

3 반죽을 밀대로 민다.

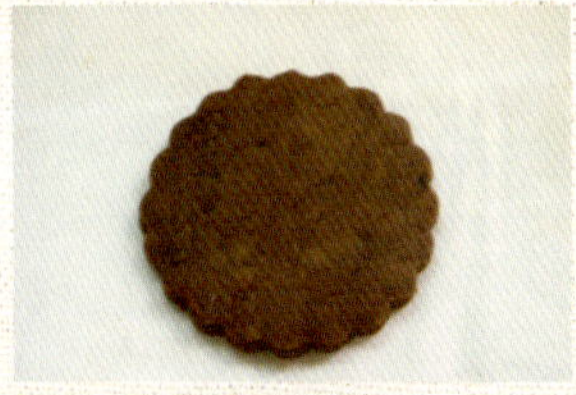

4 쿠키 틀로 반죽을 찍어 팬닝한 뒤 180도로 예열한 오븐에서 13분간 굽는다.

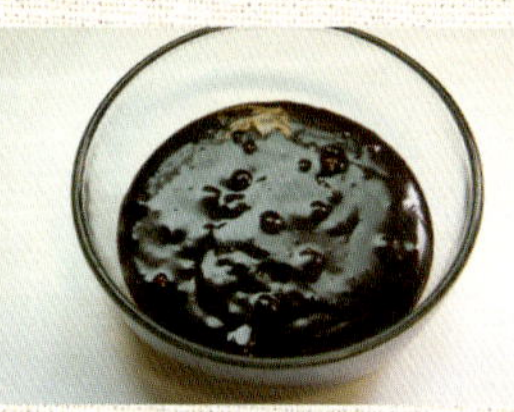

5 생크림은 뜨겁게 데워 다크초콜릿을 넣고 녹인다.

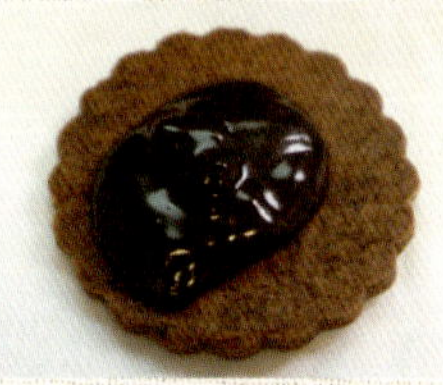

6 구워진 쿠키에 가나슈를 올린 뒤 쿠키를 덮는다.

HOME BAKING 28

초코링 쿠키

베이킹 재료

카놀라유 30g, 꿀 60g, 우유 20g, 통밀가루 100g, 베이킹파우더 1/2ts, 코코아가루 10g, 밀크초콜릿, 땅콩 분태 약간씩

1 꿀, 우유, 카놀라유를 넣고 섞는다.

2 체에 친 통밀가루, 베이킹파우더, 코코아가루를 넣고 섞는다.

반죽을 밀대로 밀어주세요.

3 반죽은 비닐에 싼 뒤 냉장실에 30분간 넣어둔다.

4 쿠키 틀로 도넛 모양으로 반죽을 찍어 팬닝한다.

180도로 예열한 오븐에서 13분간 구워주세요.

5 밀크 초콜릿을 녹여 구운 쿠키에 땅콩 분태와 함께 묻힌다.

아망디오 쇼콜라

베이킹 재료

카놀라유 50g, 올리고당 110g, 꿀 10g, 통밀가루 160g,
코코아가루 10g, 아몬드 슬라이스 70g

1 카놀라유, 올리고당, 꿀을 넣고 섞는다.

2 체에 친 코코아가루, 통밀가루를 넣고 섞는다.

3 아몬드 슬라이스를 넣고 섞는다.

4 반죽을 직사각형으로 만든 뒤 냉동실에 넣고 4시간 얼린다.

5 0.5cm 두께로 썰어 180도로 예열한 오븐에서 15분간 굽는다.

HOME BAKING 30

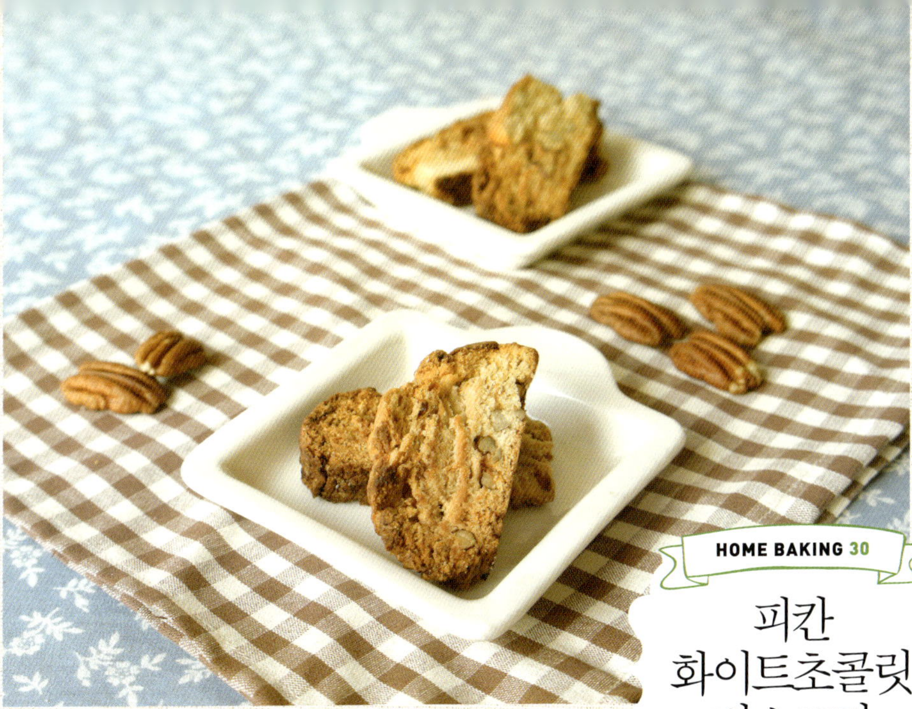

피칸 화이트초콜릿 비스코티

베이킹 재료

통밀가루 140g, 베이킹파우더 1/2ts, 카놀라유 20g, 메이플시럽 50g, 우유 30g, 화이트초콜릿 30g, 피칸 30g

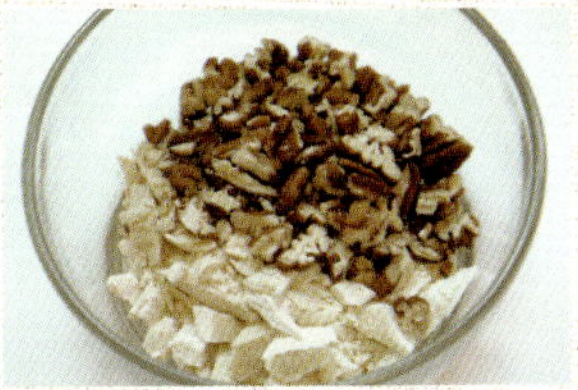

1 피칸, 화이트초콜릿은 작게 다진다.

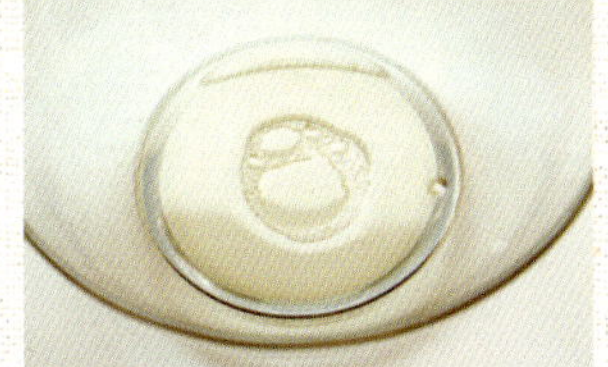

2 카놀라유, 메이플시럽, 우유를 넣고 섞는다.

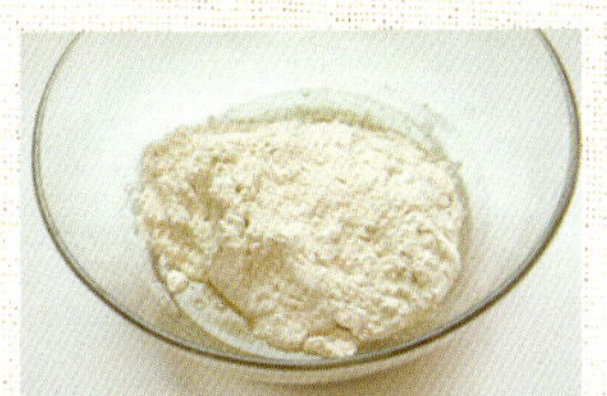

3 체에 친 통밀가루, 베이킹파우더를 넣고 섞는다.

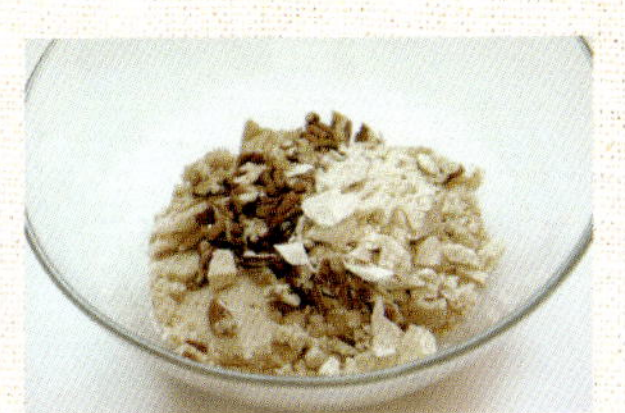

4 1을 넣고 섞는다.

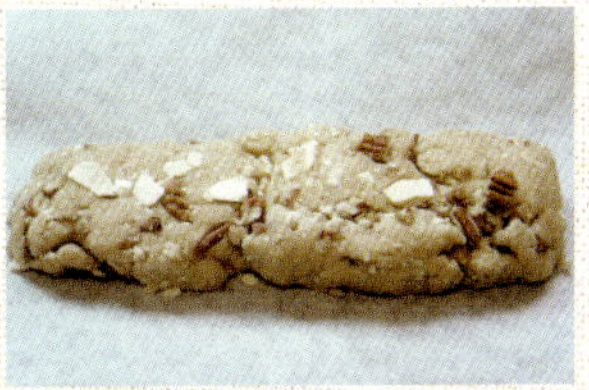

5 직사각형으로 반죽을 빚은 뒤 170도로 예열한 오븐에서 16분간 굽는다.

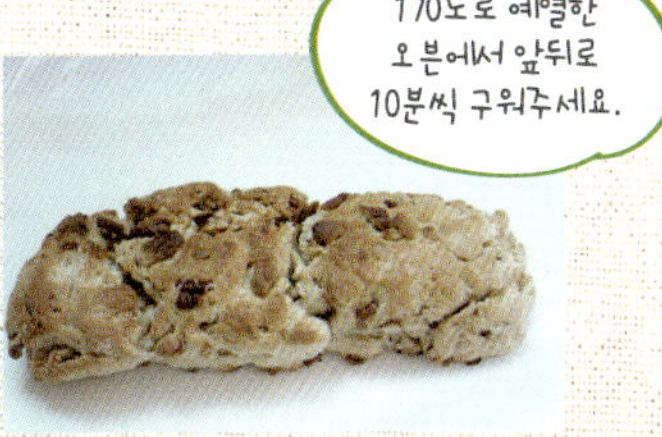

170도로 예열한 오븐에서 앞뒤로 10분씩 구워주세요.

6 5를 완전히 식힌 뒤 0.7㎝ 두께로 자른다.

HOME BAKING 31

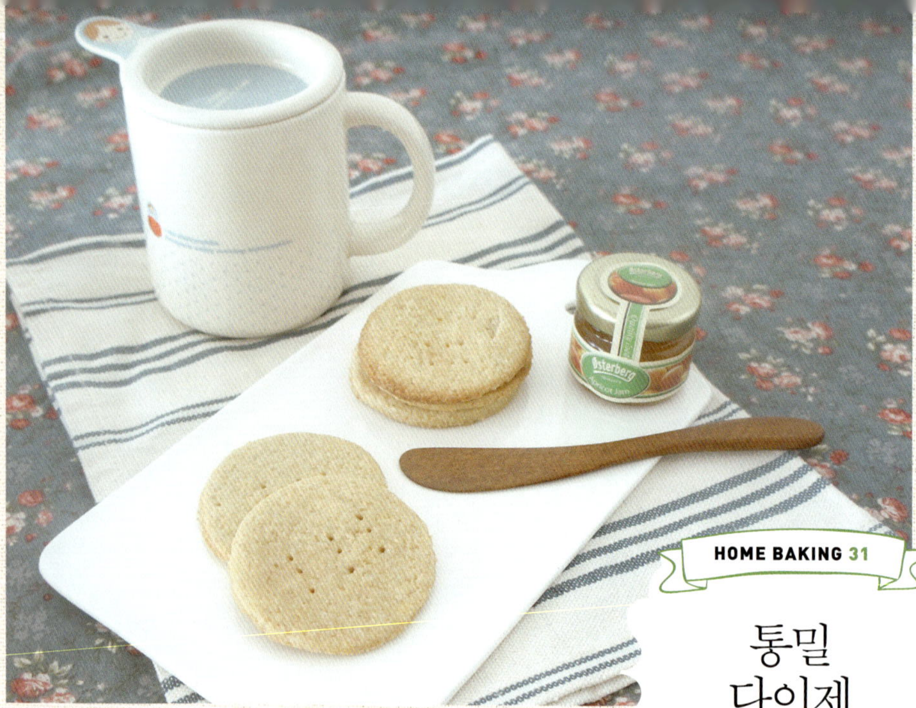

통밀 다이제

베이킹 재료

카놀라유 30g, 꿀 60g, 우유 20g, 통밀가루 110g, 베이킹파우더 1/2ts

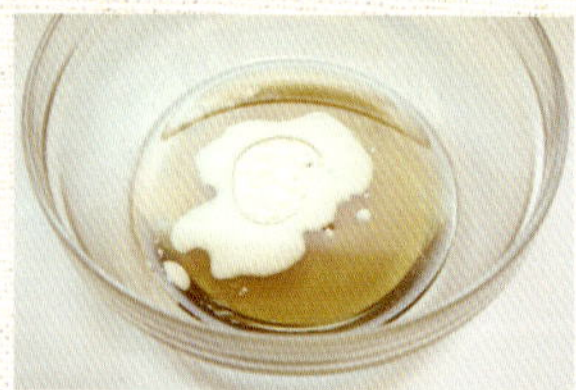

1 카놀라유, 꿀, 우유를 넣고 섞는다.

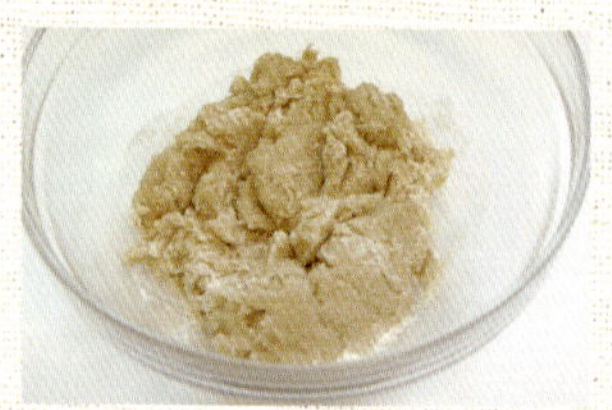

2 체에 친 통밀가루, 베이킹파우더를 넣고 섞는다.

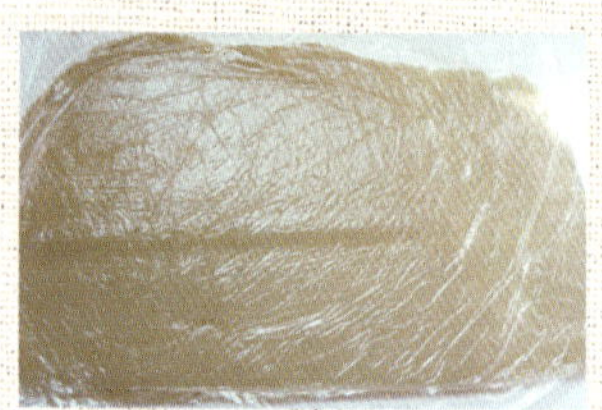

3 반죽을 납작하게 밀어 냉동실에 넣고 10분간 얼린다.

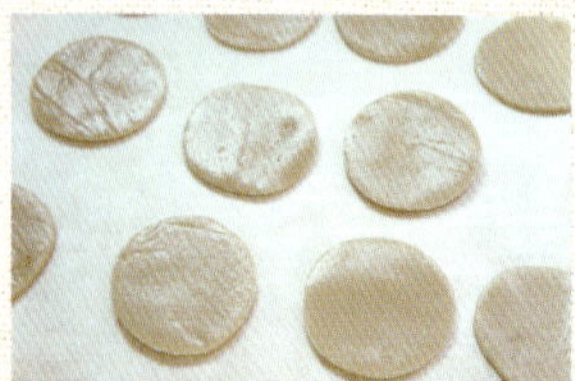

4 반죽을 쿠키 커터로 찍어 팬닝한다.

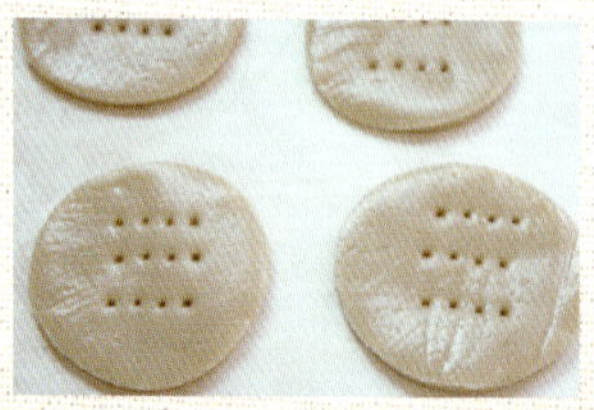

5 반죽의 중앙을 포크로 찍은 뒤 180도로 예열한 오븐에서 12분간 굽는다.

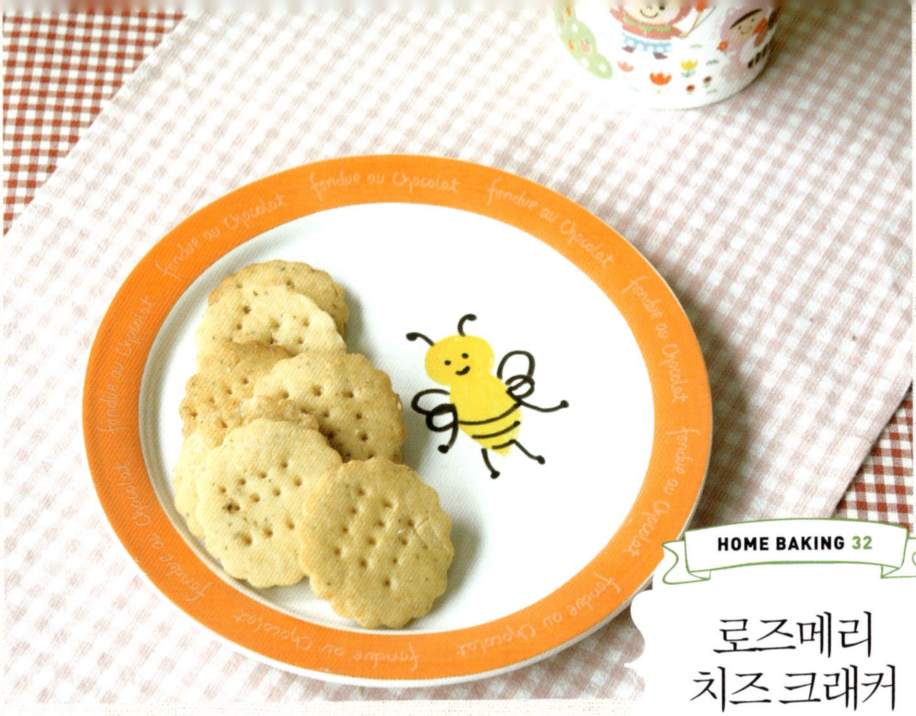

HOME BAKING 32

로즈메리 치즈 크래커

베이킹 재료

통밀가루 100g, 올리고당 60g, 슬라이스 체다치즈 3장,
카놀라유 20g, 말린 로즈메리 약간

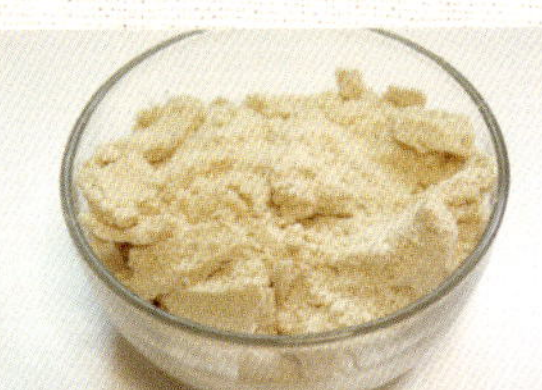

1 믹서기에 말린 로즈메리, 통밀가루, 슬라이스 체다치즈를 넣고 간다.

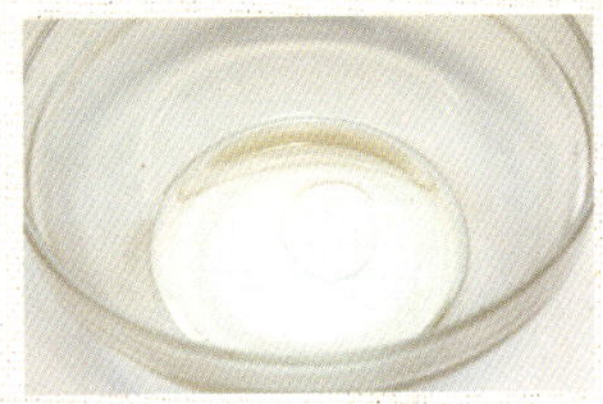

2 카놀라유, 올리고당을 넣고 섞는다.

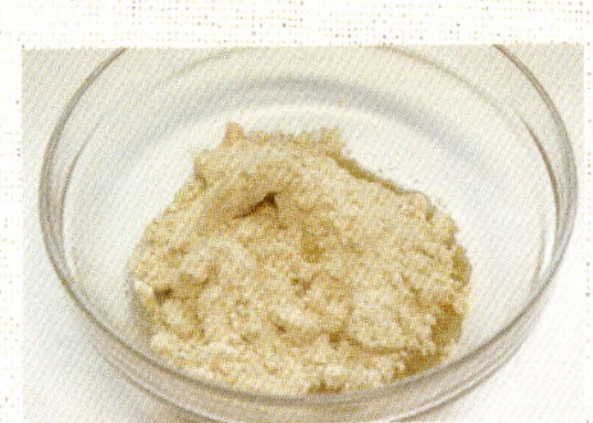

3 2에 1을 넣고 섞는다.

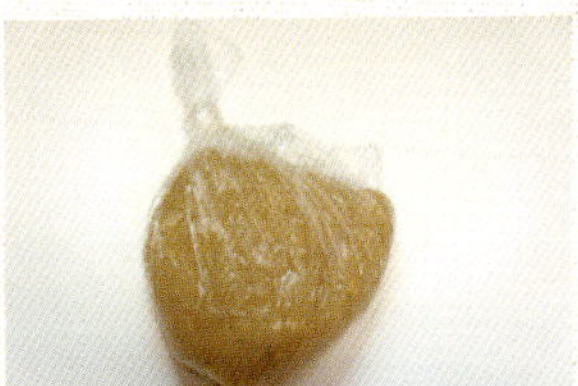

4 반죽을 비닐에 싼 뒤 냉장실에 30분간 넣어둔다.

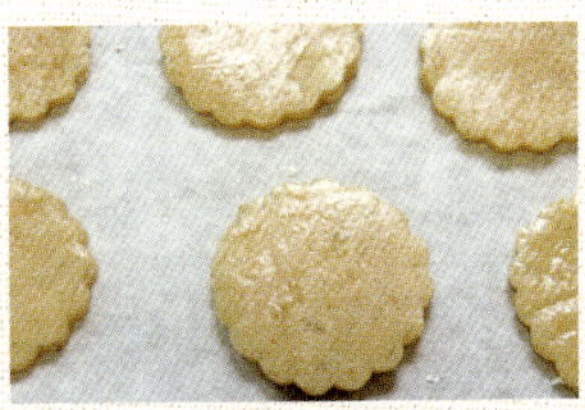

5 반죽을 밀대로 밀어 쿠키 커터로 찍는다.

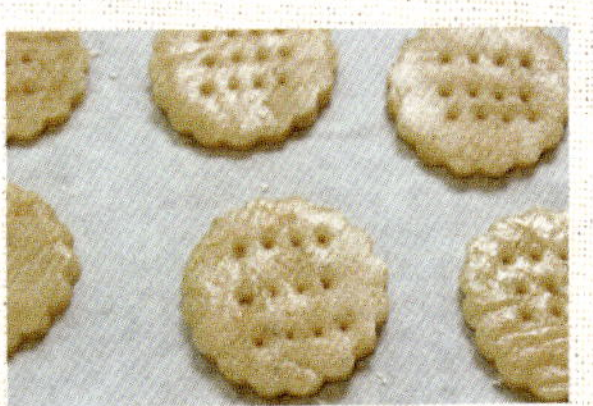

6 반죽의 중앙을 포크로 찍은 뒤 180도로 예열한 오븐에서 12분간 굽는다.

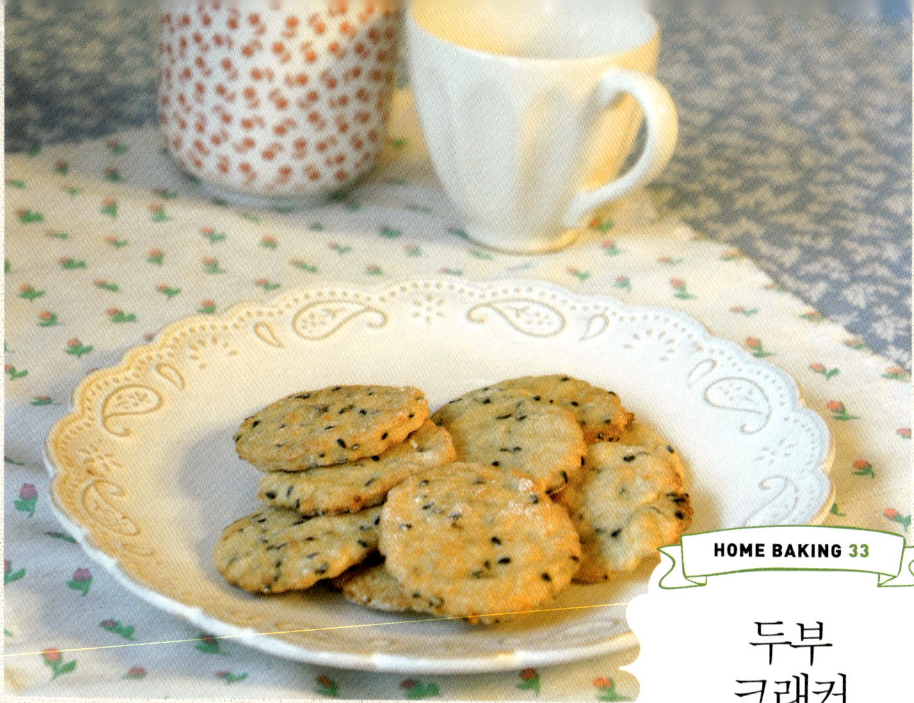

HOME BAKING 33

두부 크래커

베이킹 재료

두부 100g, 통밀가루 160g, 베이킹파우더 1/2ts, 올리고당 70g, 검은깨 1Ts, 카놀라유 2Ts

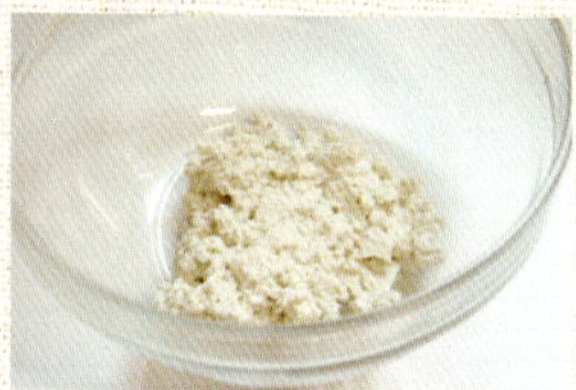

1 두부는 믹서기에 넣고 곱게 간다.

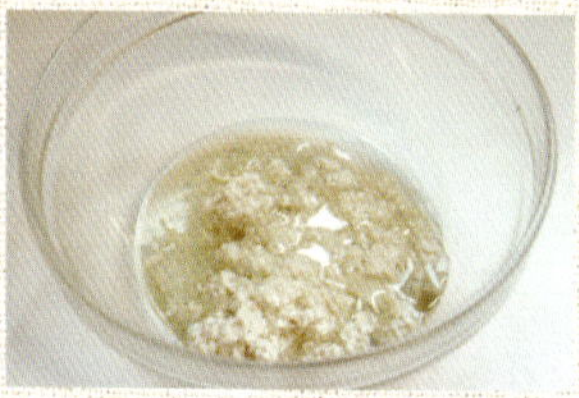

2 1에 올리고당, 카놀라유를 넣고 섞는다.

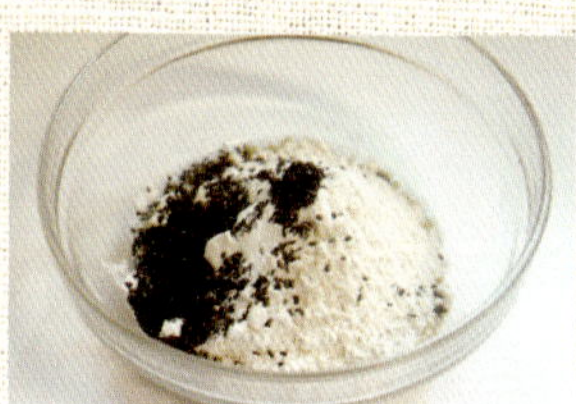

3 체에 친 통밀가루, 베이킹파우더와 검은깨를 넣고 섞는다.

4 반죽을 비닐에 싼 뒤 냉장실에 30분간 넣어둔다.

180도로 예열한 오븐에서 12분간 구워주세요.

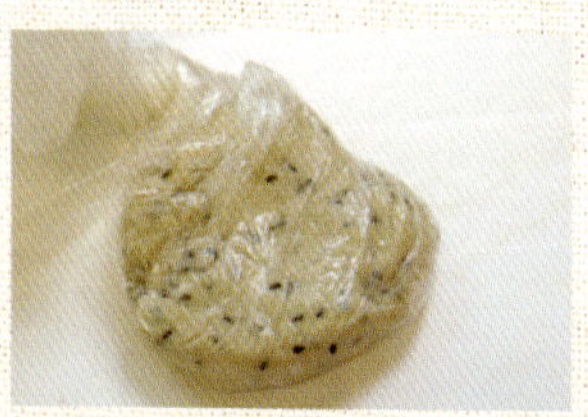

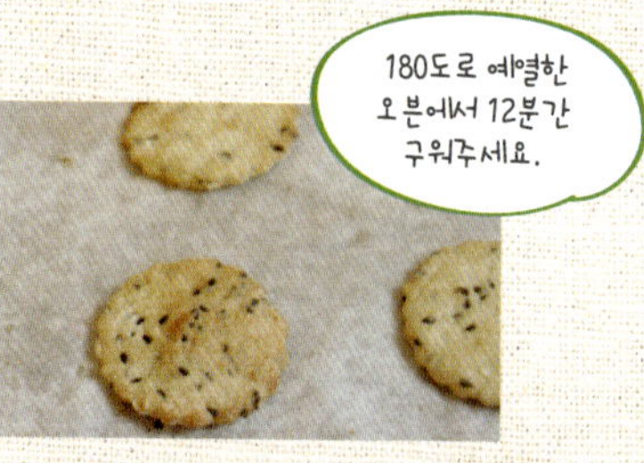

5 반죽을 밀대로 밀어 쿠키 커터로 찍는다.

HOME BAKING 34

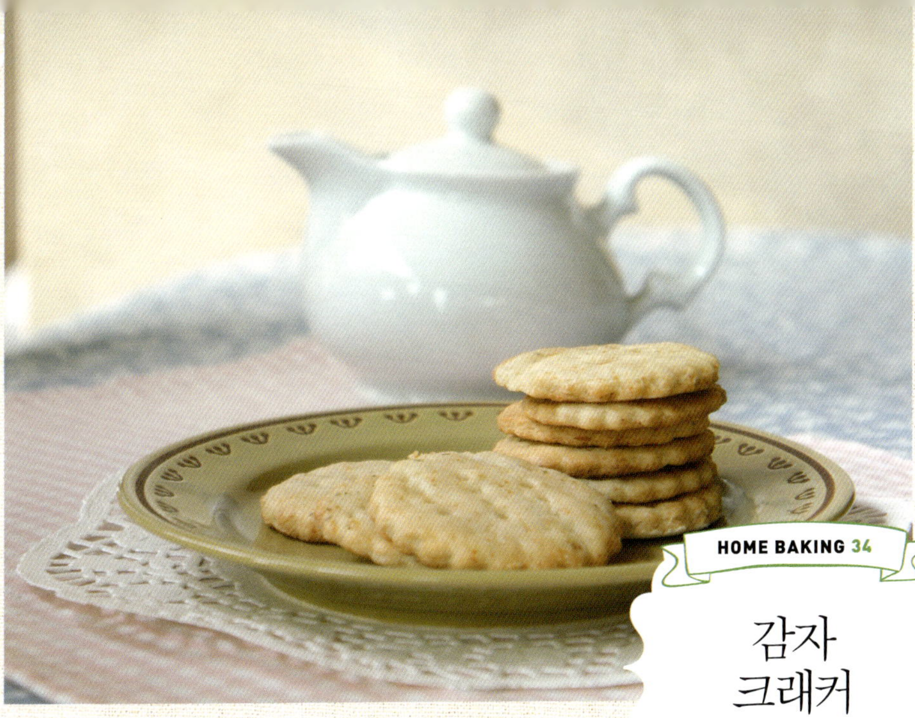

감자 크래커

베이킹 재료

감자 100g, 꿀 3Ts, 카놀라유 40g, 우유 10g, 통밀가루 140g, 베이킹파우더 1ts, 파슬리가루 약간

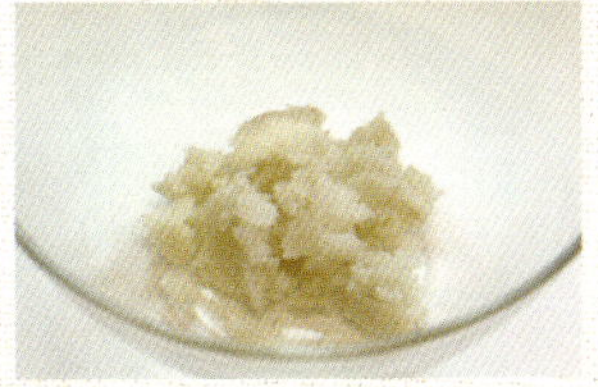

1 감자는 삶아서 으깬다.

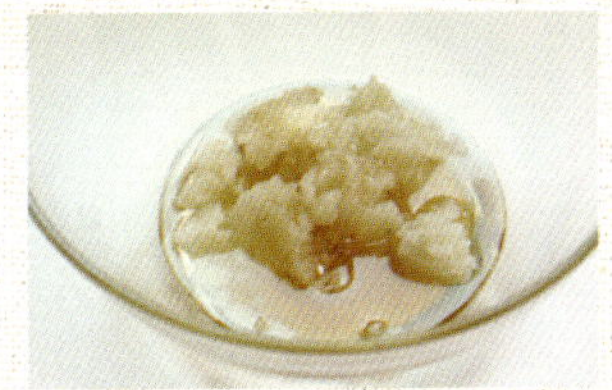

2 1에 꿀, 카놀라유, 우유를 넣고 섞는다.

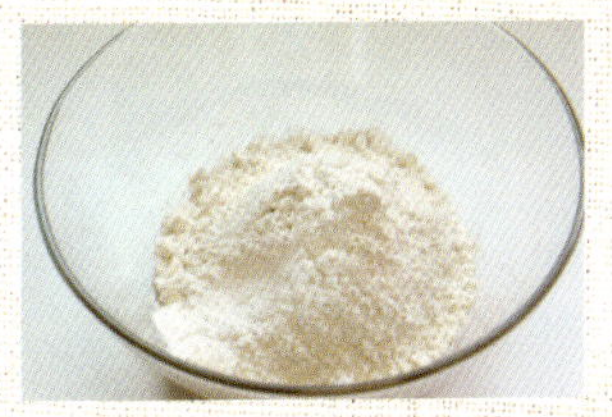

3 체에 친 통밀가루, 베이킹파우더를 넣고 섞는다.

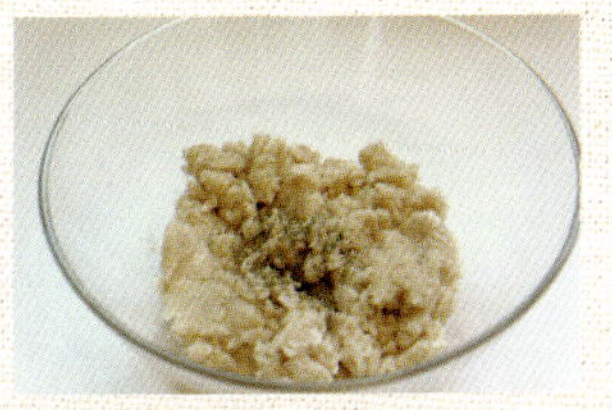

4 파슬리가루를 넣고 섞는다.

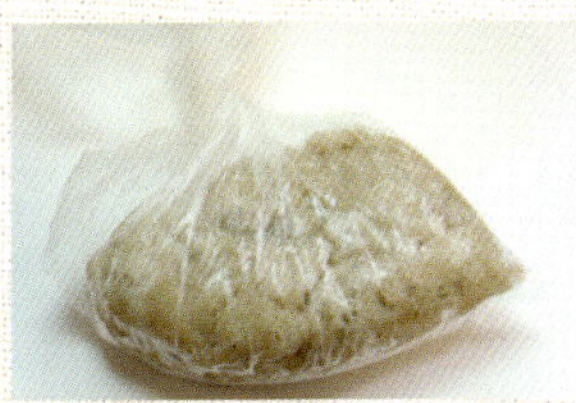

5 반죽을 비닐에 싼 뒤 냉장실에 30분간 넣어둔다.

180도로 예열한 오븐에서 12분간 구워주세요.

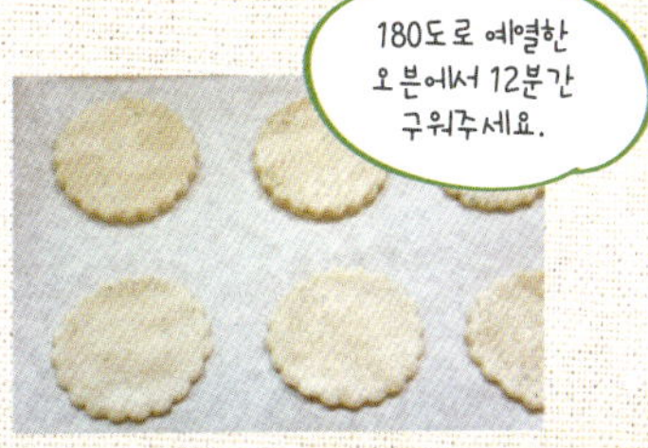

6 반죽을 밀대로 밀어 쿠키 커터로 찍고 포크로 중앙을 찍는다.

초콜릿
크래커

베이킹 재료

코코아가루 10g, 통밀가루 90g, 아가베시럽 50g, 카놀라유 40g,
베이킹파우더 1/2ts, 녹인 화이트초콜릿 약간

1 카놀라유, 아가베시럽을 넣고
섞는다.

2 체에 친 통밀가루, 베이킹파우
더, 코코아가루를 넣고 섞는다.

3 반죽을 비닐에 싼 뒤 냉장실에
30분간 넣어둔다.

4 반죽을 쿠키 커터로 찍은 뒤
180도로 예열한 오븐에서 12분
간 굽는다.

5 구운 쿠키 위에 녹인 화이트초
콜릿을 뿌려 장식한다.

PART
03
양갱
&
푸딩
&
와플

당근 양갱

베이킹 재료

백앙금 200g, 당근 60g, 물엿 80g, 물 230g, 한천 6g

1 당근은 삶아서 으깬다.

2 물에 한천을 넣고 10분간 불린다.

3 2에 물엿, 백앙금을 넣고 섞은 뒤 끓인다.

4 3이 끓기 시작하면 1을 넣고 섞은 뒤 3분간 끓인다.

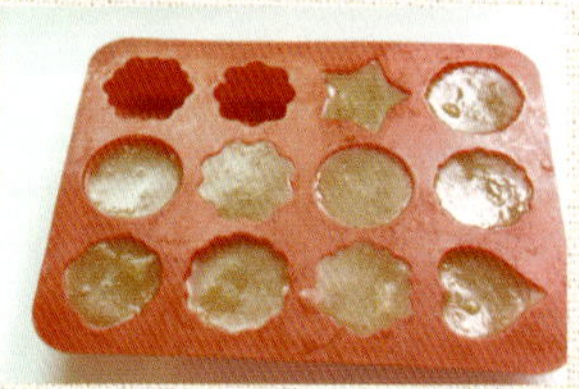

5 틀에 부은 뒤 냉장실에 넣고 굳힌다.

검은깨 양갱

베이킹 재료

한천 7g, 물 300g, 올리고당 70g, 꿀 10g, 백앙금 200g, 검은깨가루 30g

1 물에 한천을 넣고 10분간 불린다.

2 백앙금을 넣고 섞는다.

3 2를 끓인다.

4 끓기 시작하면 검은깨가루, 올리고당, 꿀을 넣고 섞는다.

5 4를 살짝 식힌다.

6 틀에 부은 뒤 냉장실에 넣고 굳힌다.

홍삼 양갱

베이킹 재료

한천 7g, 물 200g, 올리고당 80g, 꿀 10g, 홍삼즙 80ml,
백앙금 160g, 곶감 1개, 호두 30g

1 곶감과 호두는 잘라서 준비한다.

2 물에 한천을 넣고 10분간 불린다.

3 백앙금을 넣고 끓인다.

4 홍삼즙, 올리고당, 꿀을 넣고 섞은 뒤 끓인다.

5 불에서 내린 뒤 1을 넣고 섞는다.

6 틀에 부은 뒤 냉장실에 넣고 굳힌다.

크림치즈 푸딩

베이킹 재료

크림치즈 100g, 달걀 2개, 생크림 130g, 우유 70g,
메이플시럽 약간, 레몬즙 1ts,

1 크림치즈는 실온에 두어 말랑
하게 푼다.

2 메이플시럽을 넣고 섞는다.

3 달걀, 우유를 넣고 섞는다.

4 생크림을 넣고 섞는다.

5 레몬즙을 넣고 섞는다.

6 바트에 뜨거운 물을 붓고 푸딩
병에 담은 5를 넣은 뒤 150도로
예열한 오븐에서 30분간 굽는다.

HOME BAKING 05

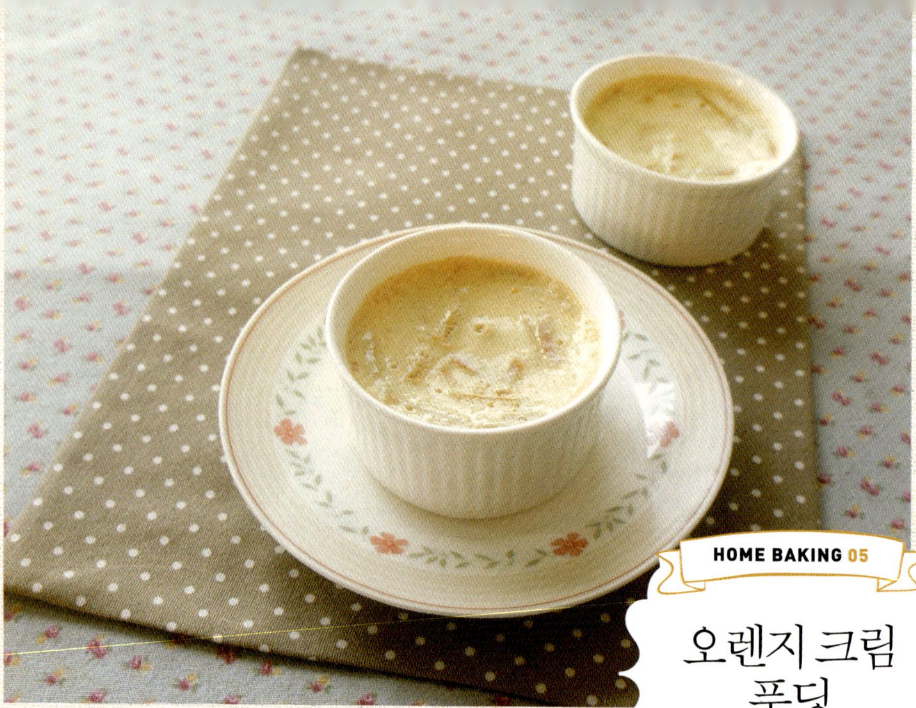

오렌지 크림 푸딩

베이킹 재료

생크림 100g, 우유 70g, 달걀 1개, 꿀 2Ts, 오렌지 1개

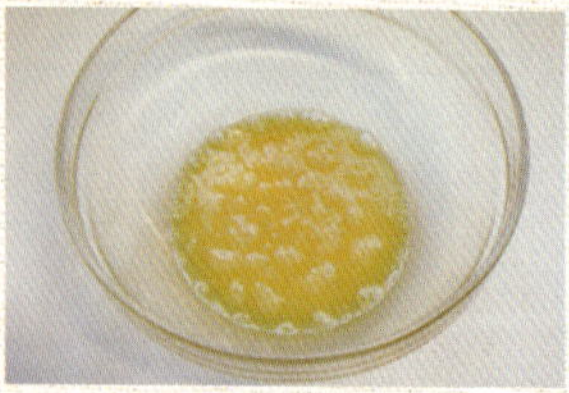

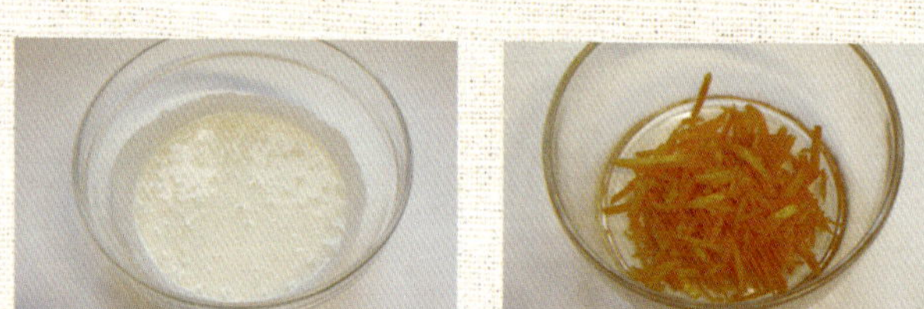

1 달걀, 꿀을 넣고 섞는다.

2 우유, 생크림을 넣고 섞는다.

3 오렌지는 껍질만 간다.

4 2에 3을 붓는다.

150도로 예열한 오븐에서 40분간 구워주세요.

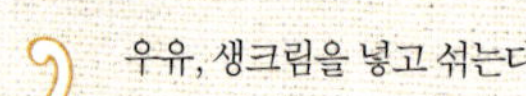

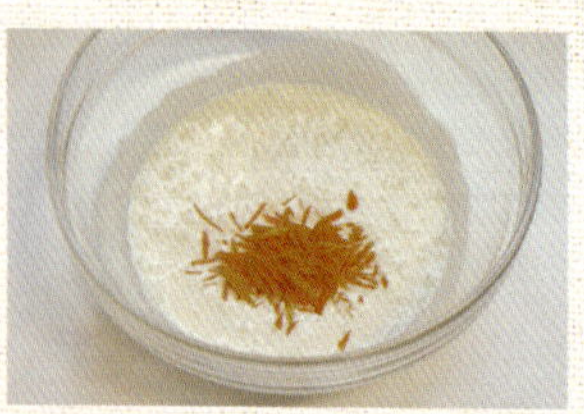

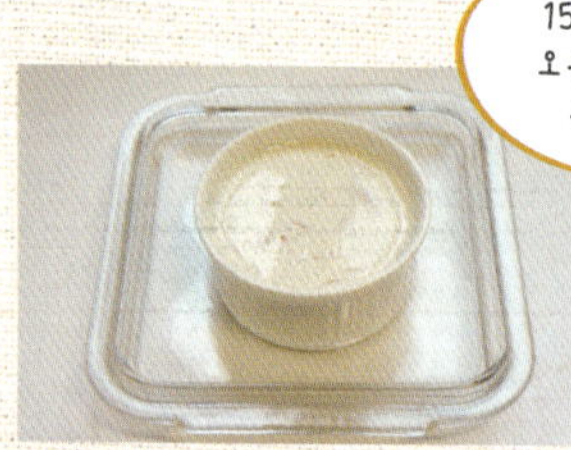

5 바트에 뜨거운 물을 부은 뒤 4를 오븐용 용기에 부어 올린다.

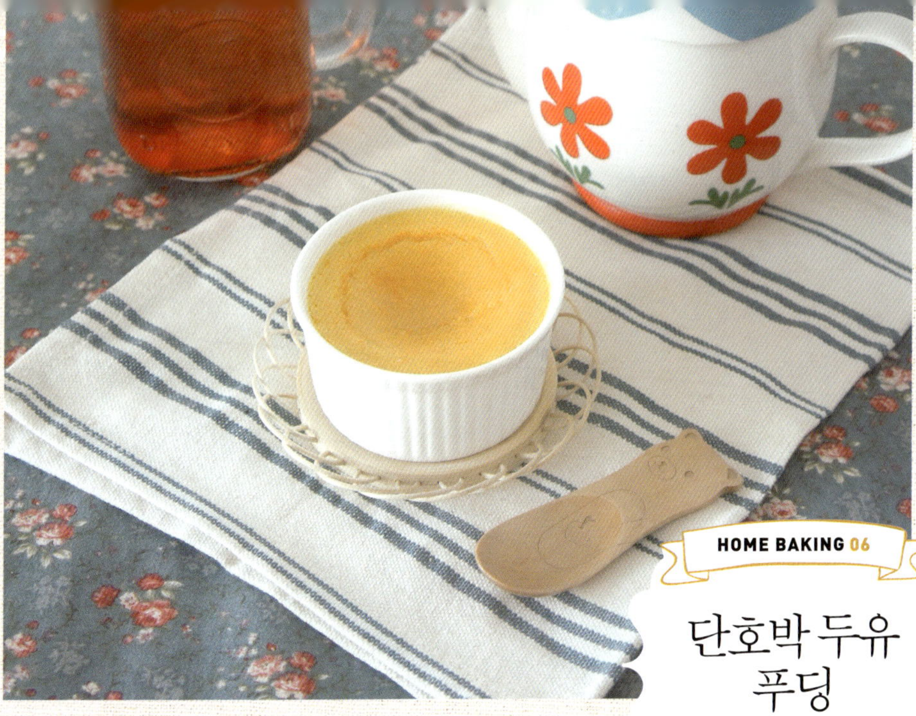

HOME BAKING 06

단호박 두유 푸딩

베이킹 재료

단호박 200g, 두유 80g, 꿀 2Ts, 달걀 1개

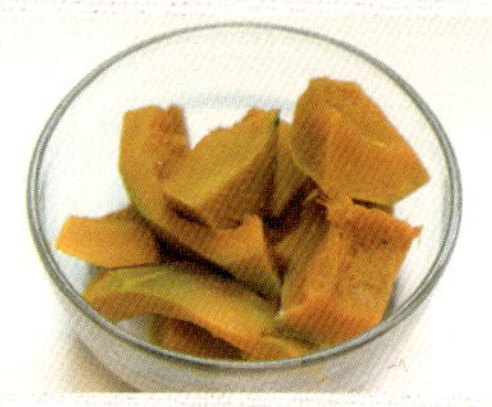

1 단호박은 삶아서 으깬다.

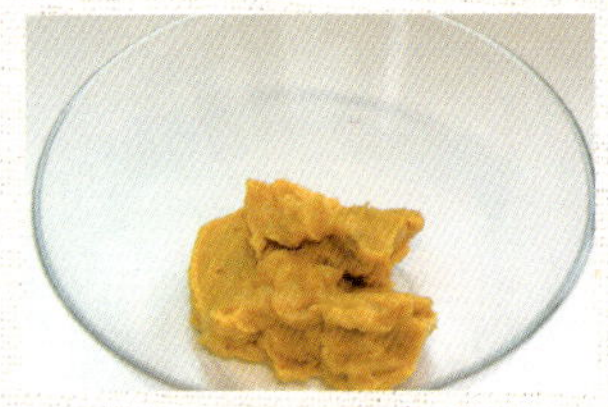

2 꿀을 넣고 섞는다.

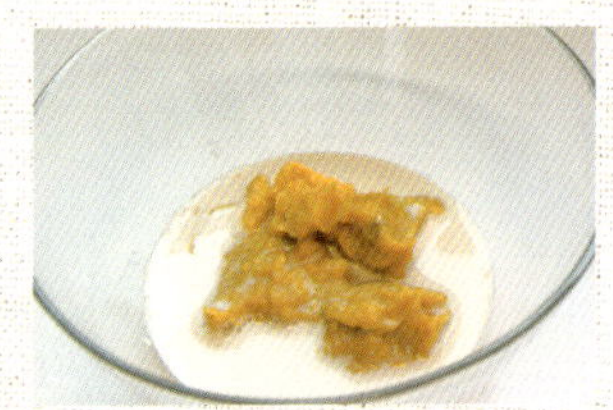

3 두유를 넣고 섞는다.

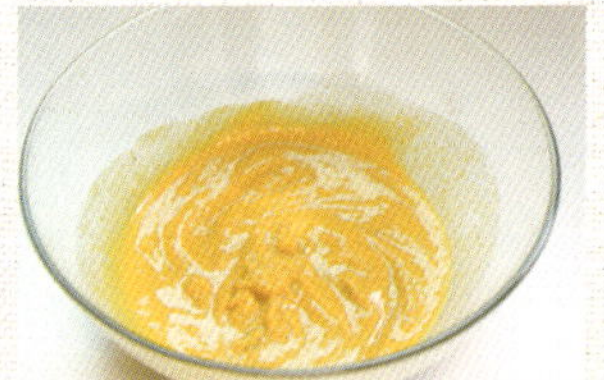

4 달걀을 넣고 섞는다.

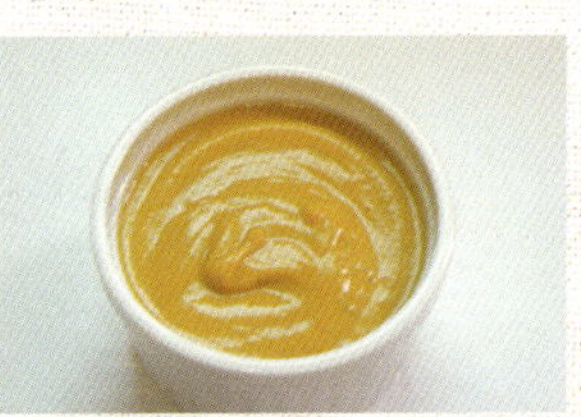

5 오븐용 용기에 부은 뒤 150도로 예열한 오븐에서 40분간 굽는다.

코코아 두부 푸딩

베이킹 재료

두부 200g, 식초 약간, 무가당 코코아 5Ts, 아가베시럽 2Ts, 꿀 1Ts,
두유 50㎖, 딸기, 피스타치오, 아몬드 슬라이스 적당량

1 두부는 끓는 물에 식초를 넣고 데친다.

2 두부에 무가당 코코아, 아가베 시럽, 꿀을 넣고 간다.

3 두유를 넣고 섞는다.

4 푸딩 용기에 담고 딸기, 피스타치오, 아몬드 슬라이스를 올린다.

딸기 퓌레 파나코다

베이킹 재료

딸기 5개, 꿀 1Ts, 생크림 40g, 우유 160g, 판젤라틴 2장, 꿀 2Ts

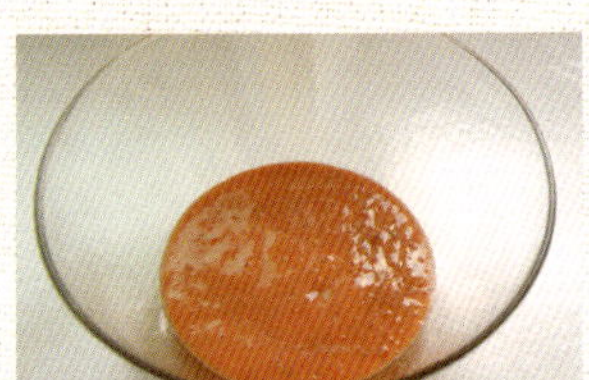

1 믹서기에 딸기, 꿀을 넣고 곱게 간다.

2 생크림, 우유를 데운 뒤 판젤라틴을 넣고 섞는다.

3 1을 올려 완성한다.

벨기에
초콜릿 와플

베이킹 재료

반죽 재료 : 통밀가루 190g, 요거트 140g, 오일 2Ts, 꿀 20g, 이스트 4g, 소금 2g
녹인 초콜릿 약간, 카놀라유 약간

1 반죽 재료를 모두 제빵기에 넣고 반죽한다.

2 따뜻한 곳에서 1차 발효한다.

3 반죽은 4등분해 둥글리기한다.

4 와플 팬을 달군 뒤 카놀라유를 약간 바른다.

5 와플 팬에 3을 올려 앞뒤로 굽는다.

6 녹인 초콜릿을 묻힌다.

찹쌀 초코칩 검은깨 와플

베이킹 재료

베이킹파우더 1/2ts, 우유 120g, 찹쌀가루 100g, 검은깨 1Ts,
초코칩 2Ts, 카놀라유 약간

1 찹쌀가루, 베이킹파우더를 체에 친다.

2 우유를 넣고 섞는다.

3 초코칩, 검은깨를 넣고 섞는다.

4 와플 팬을 달군 뒤 카놀라유를 약간 바른다.

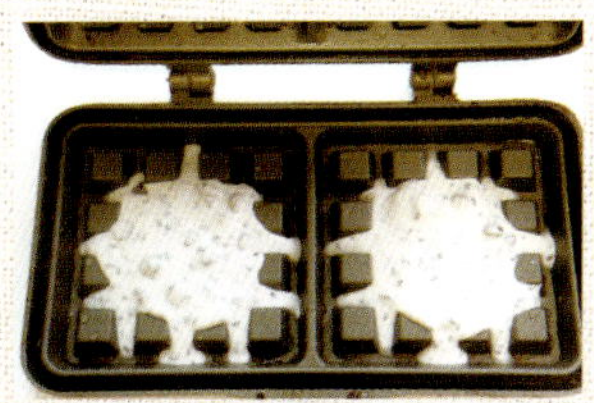

5 와플 팬에 3을 올려 앞뒤로 굽는다.

고구마 앙금
와플

베이킹 재료

반죽 재료 : 통밀가루 190g, 요거트 140g, 카놀라유 2Ts,
꿀 20g, 이스트 4g, 소금 2g
고구마 2개, 연유 2Ts, 카놀라유 약간

1 고구마는 삶아서 으깬다.

2 연유를 넣고 섞는다.

3 반죽 재료를 모두 제빵기에 넣
고 반죽한 뒤 따뜻한 곳에서 1
차 발효한다.

4 반죽은 4등분해 둥글리기한다.

5 반죽을 납작하게 눌러준 뒤 2를
올려 감싼다.

6 와플 팬을 달군 뒤 카놀라유를
약간 바르고 5를 올려 앞뒤로
굽는다.